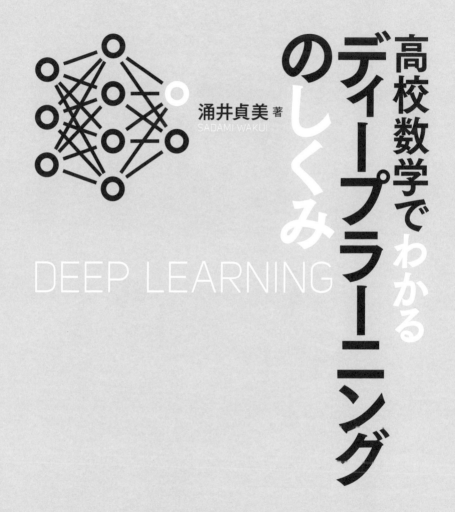

高校数学でわかる ディープラーニングのしくみ

涌井貞美 著
SADAMI WAKUI

DEEP LEARNING

ベレ出版

はじめに

　新聞やテレビの報道において、AI（人工知能）や、それを組み込んだロボットが毎日のように話題になっています。

「AIがプロ棋士に勝つ」

「AIがCT画像からベテラン医師以上にガンの患部を発見」

「ロボットが人の話を聞いて道案内」

「AIによる自動運転が自動車業界に革命をもたらす」

　どれか一つは、思い当たることでしょう。さらに極め付きの話題が、「AIに仕事を奪われる」といわれる問題で、「2045年には人工知能が人間の知性を超える」という「シンギュラリティ」予測です。SF映画の世界が現実感を持って語られるようになっているのです。

　さて、このような時代において、AIのしくみをしっかりと理解しておくことは何にも増して大切でしょう。得体の知れないものに自分の病気を診断されたり、しくみも知らない自動運転のクルマに乗ったり、何を考えているかわからないロボットと仕事場を共有するというのは、なんとも不気味です。さらに、「AIで大量失業」と脅かされると、AIに対して無用な恐怖心さえ持ってしまいます。

　本書は、現代のAIブームを引き起こした仕掛け人である「ディープラーニング」について、そのしくみを基本から解説した入門書です。図を多用し、高校レベルの数学の知識で十分わかるように、その考え方を解説しています。「AIはこのような考え方で判断を下しているのだ！」ということが実感されるように話を進めています。

　細かい数学的な議論をしなければ、ディープラーニングの原理はそれほど難しいものではありません。本書がその理解に少しでも役立てれば幸甚です。

　最後になりましたが、本書の企画から上梓まで一貫してご指導くださったベレ出版の坂東一郎氏、および編集工房シラクサの畑中隆氏にこの場をお借りして感謝の意を表させていただきます。

2019年初秋　著者

CONTENTS

1章 活躍するディープラーニング

1. AI時代の扉を開いたディープラーニング ……… 10
2. ディープラーニングとAI ……… 12
3. 機械学習とディープラーニング ……… 17
4. ディープラーニングの本質は特徴抽出 ……… 20
5. 教師あり学習と教師なし学習 ……… 22
6. 画像解析とディープラーニング ……… 26
7. 音声認識とディープラーニング ……… 30
8. ビッグデータとベストマッチするディープラーニング ……… 34
9. 第4次産業革命を支えるディープラーニング ……… 38

2章 絵でわかるディープラーニングのしくみ

1. 話の始まりはニューロンから ……… 42
2. ニューロンロボットに解説させる ……… 50
3. ニューロンロボットを層状に配列 ……… 54
4. ニューラルネットワークが知能を持つしくみ ……… 58
5. ニューラルネットワークの「学習」の意味 ……… 64
6. 絵でわかる畳み込みニューラルネットワーク ……… 68
7. 絵でわかるリカレントニューラルネットワーク ……… 77

3章 ディープラーニングのための準備

1	シグモイド関数	84
2	データ分析におけるモデルとパラメーター	86
3	理論と実際の誤差	88

4章 ニューラルネットワークのしくみがわかる

1	ニューロンの働きを数式で表現	94
2	ユニットと活性化関数	98
3	シグモイドニューロン	102
4	ニューラルネットワークの具体例	106
5	ニューラルネットワークの各層の働きと変数記号	108
6	ニューラルネットワークの目的関数	116
7	ニューラルネットワークの「学習」	124
8	ニューラルネットワークの「学習」結果の解釈	129

5章 畳み込みニューラルネットワークのしくみがわかる

1	畳み込みニューラルネットワークの準備	138
2	畳み込みニューラルネットワークの入力層	143
3	畳み込みニューラルネットワークの畳み込み層	146

4	畳み込みニューラルネットワークのプーリング層	158
5	畳み込みニューラルネットワークの出力層	162
6	畳み込みニューラルネットワークの目的関数	168
7	畳み込みニューラルネットワークの「学習」	172
8	畳み込みニューラルネットワークの「学習」結果の解釈	178
9	畳み込みニューラルネットワークをテスト	184
10	パラメーターに負を許容すると	187

6章 リカレントニューラルネットワークのしくみがわかる

1	リカレントニューラルネットワークの考え方	194
2	リカレントニューラルネットワークの展開図	199
3	リカレントニューラルネットワークの各層の働き	201
4	式でリカレントニューラルネットワークを表現	207
5	リカレントニューラルネットワークの目的関数	213
6	リカレントニューラルネットワークの「学習」	216

7章 誤差逆伝播法のしくみがわかる

1	最適化計算の基本となる勾配降下法	224
2	誤差逆伝播法(バックプロパゲーション法)のしくみ	232
3	誤差逆伝播法をExcelで体験	241
4	誤差逆伝播法をPythonで体験	248

付 録 Appendix

付録 A	本書で利用する訓練データ（Ⅰ）	266
付録 B	本書で利用する訓練データ（Ⅱ）	267
付録 C	VBAの利用法	272
付録 D	ソルバーのセットアップ法	275
付録 E	Windows10のコマンドプロンプトの利用法	278
付録 F	Pythonのセットアップ法	281
付録 G	微分の基礎知識	286
付録 H	多変数関数の近似公式と勾配	291
付録 I	畳み込みの数学的な意味	294
付録 J	ユニットの誤差と勾配の関係	297
付録 K	ユニットの誤差の層間の関係	298

索引 301

≪本書の使い方≫

- 本書はディープラーニングのアルゴリズムの基本的な解説を目的としています。図を多用し、具体例で解説しています。そのため、多少厳密性に欠ける箇所があることはご容赦ください。
- 高校数学3年生程度の数学の知識を想定しています。
- 本書でニューラルネットワークという場合、畳み込みニューラルネットワークなど、広くディープラーニングと呼ばれているものも含めています。また、活性化関数はシグモイド関数を前提としています。
- 本書で微分を考える関数は、そのグラフが十分滑らかと仮定します。
- 理論を確かめるために、本書はマイクロソフト社 Excel と、データ処理のための汎用言語 Python を利用しています。ワークシートは Excel2013 以降で動作を確かめてあります。また、Python は Windows10 上で動作するバージョン 3.74 を利用しています。
- 計算結果で示した小数は、表示された位数の下の位を四捨五入しています。

サンプルのダウンロードについて

本文中で使用する Excel や Python のサンプルファイルをダウンロードすることができます。アドレスは次のとおりです。

https://www.beret.co.jp/books/dl/book742_ExcelPython.zip

場所	ファイル名	概要
4章 §7	4.xlsx	ニューラルネットワークの Excel シート
5章 §7	5A.xlsx	畳み込みニューラルネットワークの Excel シート（0 以上のパラメーター）
	5B.xlsx	畳み込みニューラルネットワークの Excel シート（負許容のパラメーター）
6章 §6	6.xlsx	リカレントニューラルネットワークの Excel シート
7章 §3	7.xlsm	誤差逆伝播法の Excel シート
7章 §4	backpro.py	Python のプログラム
	chr_img.csv	Python のプログラム用の画像ファイル
	teacher.csv	Python のプログラム用の正解ファイル
	wH.csv	Python のプログラムが使う隠れ層の重みと閾値のファイル
	wO.csv	Python のプログラムが使う出力層の重みと閾値のファイル

注意
- ダウンロードファイルの内容は、予告なく変更することがあります。
- ファイル内容の変更や改良は自由ですがサポートは致しておりません。

1章

活躍する ディープラーニング

ディープラーニングの登場で、
現代のAIは飛躍的な発展をし続けています。
その「AIのいま」を確認してみましょう。
そして、ディープラーニングとの関係を見てみましょう。

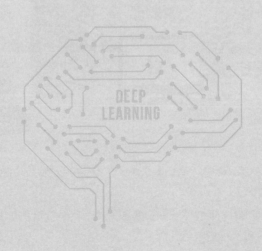

1 AI時代の扉を開いたディープラーニング

~現代のAIブームは2012年の「キャットペーパー」から

テレビや新聞では、毎日のようにAIの話が紹介されています。ディープラーニングはこのAIブームを巻き起こした仕掛け人です。このアイデアによって、社会は大きな変革を迫られています。

AIブーム

AIとは英語のArtificial Intelligenceの頭文字をとった略語で、**人工知能**と訳されます。

このAIという言葉は毎日のように新聞やテレビのニュース報道をにぎわしています。

「AIによるクルマの自動運転が可能に」

「AIががんの画像診断で活躍」

例を挙げれば、キリがありません。

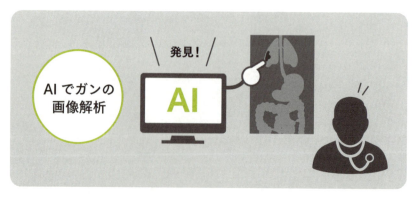

どうして、いまAIなのでしょうか？ 21世紀の始めに誰がこのブームを想像したでしょうか？

それはすべて2012年の「キャットペーパー」から始まります。

「キャットペーパー」とディープラーニング

　事の始まりはディープラーニング発表の年、すなわち2012年です。米国Google社は、この年の6月、「人の助けなく、AIが自発的に猫を識別することに成功した」と発表しました。この発表論文は、後に、AIの世界でキャットペーパーと呼ばれるようになります。

　この論文の画期的なことは、コンピューターにネコの特徴を何一つ教えていない点です。**コンピューターが自らネコの特徴を抽出し、新たなネコの画像に対しても、「これはネコ」と判断した**のです。すなわち「データから自ら学習」したのです。

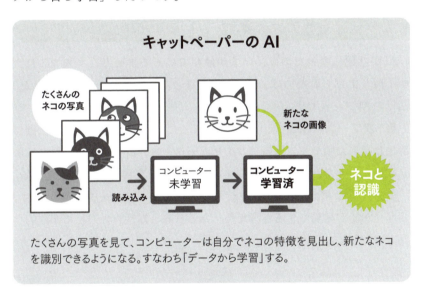

たくさんの写真を見て、コンピューターは自分でネコの特徴を見出し、新たなネコを識別できるようになる。すなわち「データから学習」する。

　繰り返しますが、キャットペーパーの画期的な点は「コンピューターがデータから自ら学習する」という点です。この「キャットペーパー」が用いたアイデアがディープラーニングです。深層学習と訳されます。そして、ディープラーニングのこのアイデアこそ、まさに時代を変えようとしている立役者なのです。生産、流通、言語、交通、医療、製薬、教育、軍事、介護など、あらゆる分野で革命的な変化をもたらそうとしています。

2 ディープラーニングとAI

〜昔のAIと異なる点は「自らデータから学ぶ」こと

ディープラーニングはAIという言葉とともに多く語られます。AIは20世紀半ばに生まれた言葉ですが、その頃から現代までの歴史をたどってみましょう。その中でディープラーニングのAIにおける立ち位置がわかります。

AIの歴史

　AIが話題になったのは、いまが最初ではありません。マスコミに大きく取り上げられたのは、過去に2度ほどあります。そして、現代が3回目のAIブームです。

　第1次ブームは1950年代に起こりました。コンピューターが社会に普及し始めた頃です。機械（コンピューター）に計算方法を手取り足取り教えることで、人工の知性（すなわちAI）を実現しようとしました。

　このような考え方でAIを設計する方法を**ルールベース**といいます。論理で知能が実現できると考えた、ある意味「知性」に対して楽観的な見方が支配した時代でした。

第1次AIブームのAI実現の考え方は人が論理を教え込むこと。SF映画やアニメに登場するAIに近い形である

　1950年代にはメモリーは大変高価でした。また、大容量の記録媒体も存在しませんでした。そこで、知性のすべてを論理で実現するという

選択しかなかったのです。

「論理だけで『知性』を実現する」というルールベースの考え方は、現代のコンピューターを利用しても不可能といわれます。いわんや1950〜1960年代のコンピューターの性能では、得られる果実は貧しいものでした。

ちなみに、「人工知能」(すなわちArtificial Intelligence)という言葉が生まれたのはこの時代です。第1次ブームのAIは、現在のSF映画やアニメに登場するAIに最もフィットするAIのアイデアです。

第2次ブームは1980年代に起こりました。機械(コンピューター)に論理だけではなく知識も教えるという考え方で、AIを設計します。この手法は**エキスパートシステム**として、現代の工場生産で活躍しています。熟練の技を機械に教え込んだシステムです。

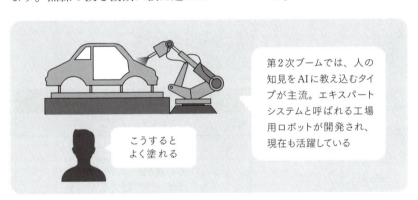

第2次ブームでは、人の知見をAIに教え込むタイプが主流。エキスパートシステムと呼ばれる工場用ロボットが開発され、現在も活躍している

こうするとよく塗れる

この第2次のブームのAIを可能にしたのは、メモリーやハードディスクが安価になり、知識を収める器が用意されたからです。

しかしこの手法も、本来の言葉の意味でのAI(人工知能)を実現することはできませんでした。ネコのような複雑なモノを識別する、といった高い「知能」を作成できなかったのです。

現在の**第3次ブーム**は「キャットペーパー」の発表された2012年から始まります。機械(コンピューター)が「データから自ら学習する」という考え方で、AIを開発します。すなわち、**ディープラーニング**の活躍が始まります。

後に調べるように、ディープラーニングは人の脳神経細胞のネット

ワーク（**ニューラルネットワーク**）をモデル化した AI の実現方法です。そのネットワークが「データからコンピューターが自ら学習する」ことを可能にします。

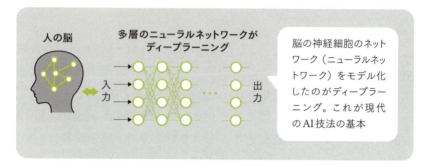

第3次の AI ブームを可能にしたのは、後述するように、豊富なデータが入手できるようになったこと、そしてその処理を可能にするハードウェアが安価に入手できるようになったことです。

以上の3つの段階を表にまとめましょう。

ブーム	年代	キー	主な応用分野
第1次	1950年代	論理	パズルなど
第2次	1980年代	知識	産業用ロボット、ゲーム
第3次	2012年〜	データ	第1、第2世代に加えて、識別、分類、予測などの広い分野

機が熟した21世紀

現代の AI の幕を開けたのは「キャットペーパー」ですが、その発表は2012年です。どうして2012年なのでしょうか。もちろん Google 社の天才技術者がこの年にそれを成し遂げたということは言うに及びません。しかし、それと同様に大切なこととして挙げられるのは、「現代」という時代の背景があります。

いま述べたように、ディープラーニングの実現には大量のデータと、それを処理できる余裕の計算力が必要になります。現代のテクノロジー

は、その両者を可能にしたのです。

大量のデータはインターネットから容易に獲得できます。実際、「キャットペーパー」のネコはユーチューブから得られたネコ画像が「ネコとは何か」を教える教師役をつとめました。

また、ゲームで育まれた高速な計算能力は、ディープラーニングのための途方もない計算を可能にしてくれました。

ゲーム用コンピューターにはGPU（Graphics Processing Unit）が必須です。GPUは画像処理装置と訳されますが、ゲームの高速な画像の動きを処理するには不可欠な処理装置です。このGPUが単純で膨大なAIの計算を可能にしてくれたのです。

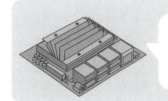

PCゲーム用に販売されているGPU（NVIDIA社）。ゲーム用に開発されたGPUの高速グラフィック処理機能がディープラーニングに必須

「膨大なデータと余裕の計算力」、この二本柱がなければ「キャットペーパー」は存在しなかったかもしれません。

20世紀型AIと21世紀型AI

AIはコンピューターで実現されます。これまで見てきたように、20世紀型のAIは人がコンピューターに教えることを基本としていました。たとえばモノを識別するにも、そのモノの特徴を書き出し、整理してコンピューターに教え込んでいたのです。先に示した第2世代の典型例が「エキスパートシステム」と呼ばれるのは、エキスパート（熟練者）でなければAIにその「特徴」を教えられないからです。

ところで、「特徴の書き出し」が可能であるためには、対象がある程度単純である必要があります。しかし、対象がネコとなると話は別です。「ネコの特徴」を人が書き出し、整理してコンピューターに教えようとしても、どう表現してよいか戸惑います。一匹ごとに個性があり、どこまでを「ネコの特徴」と見なすかは、判断しづらく困難な話なのです。

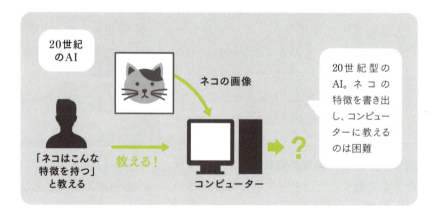

　21世紀型AIは、人が細かく教えることを前提としていません。「データから自ら学習」するというアイデアが基本になるからです。つまり、20世紀型AIと21世紀型AIとの違いは次のように表現できるでしょう。

「20世紀型AIは人が教える。21世紀型AIはデータから自ら学ぶ」

　2章以降、この「データから自ら学ぶ」の意味が解き明かされます。

memo　強いAIと弱いAI

　我々が想像するAIには、有名な漫画「鉄腕アトム」「ドラえもん」のイメージが投影されます。「人と話す」「考える」「感情がわかる」がAIの理想と思われます。しかし、現実にはそのようなAIは実現できていません。このような理想的AIを強いAIと呼んでいます。

　一方、現在話題になっているAIは、特定の場面で人間の行動の一部を補ったり代替したりするためのAIです。たとえば、囲碁に特化した「アルファ碁」、適切な翻訳をする「Google翻訳」、現実味を帯びてきた「自動運転」、普段の生活に役立っている「お掃除ロボット」などが挙げられます。このように、機能に特化したAIを弱いAIと呼んでいます。

3 機械学習とディープラーニング

~ディープラーニングは機械学習に含まれる

20世紀の終わり頃から「機械学習」という言葉が盛んに用いられるようになりました。この言葉とディープラーニングとの関係を調べてみましょう。

ディープラーニングは機械学習の一つ

　一般的に、機械（すなわちコンピューター）に計算手法を教え、細部の決定をデータに任せる手法を**機械学習**（Machine Learning、略して**ML**）と呼びます。それは20世紀末頃から発展してきました。§2で調べた歴史でいうと、「第2次ブーム」のAI開発の頃から取り入れられた技法です。

　この定義からわかるように、AIと呼ばれるほとんどのシステムは機械学習で作成されています。次図に示すように、ディープラーニングも機械学習の一つと考えられるのです。

言葉の包含関係。AIの概念は一番大きく、それだけ曖昧な概念でもある

　さて、前節（§2）で調べたように、AIは3つのブームを経験しています。その3世代の流れから見えることは、世代を重ねるごとに、「人が機械に教える」という考え方から、「機械がデータから学ぶ」という考え方に重心が移動しているということです。この**「機械がデータから学ぶ」**という思想が「**機械学習**」なのです。

従来の機械学習とディープラーニングの違い

では、20世紀型の従来の機械学習と、21世紀型の新しい機械学習であるディープラーニングとはどこが違うのでしょうか。たとえば、リンゴとミカンを画像から区別する機械（コンピューター）を作成するとして、違いを見てみましょう。

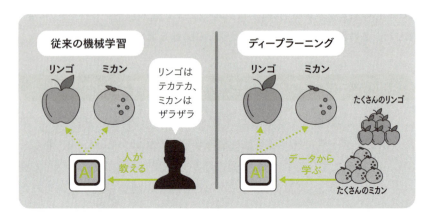

従来の機械学習では、人が「リンゴは表面がテカテカ、ミカンはザラザラ」などと教えます。そのテカテカ具合、ザラザラ具合の実際の数値は画像データを用いて決定します。

それに対して、新しい機械学習であるディープラーニングに対しては、区別のための情報を何も教えません。ただ、リンゴとミカンの画像をたくさん見せるだけです。すると、ディープラーニングは、画像データから勝手にリンゴが「テカテカ」、ミカンが「ザラザラ」といった特徴を見出し、区別するようになります。

(注) ディープラーニングの実際の働きについては2章以下で詳しく調べます。

AIとは？

現在、マスコミ等の報道ではAIという言葉が無造作に用いられています。しかし、立ち止まって「AIとは何か？」を考えると、難しい問題であることに気づきます。実際、AIについて明確な定義はなされて

いません。

　いまのAIブームが起こる前にも、「AI炊飯器」「AI洗濯機」などという商品も販売されていました。しかし、そのどこが「AI」なのかは定かではありませんでした。

　機械が判断する機能があるものを「AI機能」と呼ぶならば、極論すると、「暑いか寒いかを判断するエアコンは『AI搭載エアコン』と呼べる」ということになります。

　このように、AIの定義は千差万別で、言葉を使う人によって定義が異なります。急速な発展をしたAIは、まだ万人が納得する定義が与えられていないのです。

　日本人工知能学会のホームページでは、有名な米国学者の言葉を引用して次のような定義を紹介しています。

　「知的な機械、特に、知的なコンピュータープログラムをつくる科学と技術」

　わかったようで、わからない定義です。そもそも「知的」とは何かが不明です。しかし、AIについて議論するとき、これくらいの緩さを持った定義でないと、話が進まないのも事実です。

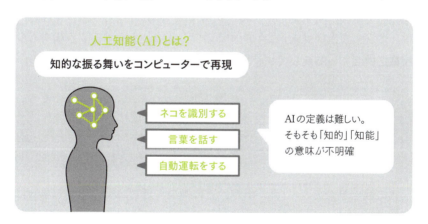

　多くの文献の共通認識としては、「**機械学習で作成されたコンピューターを搭載したシステム**」をAIと呼んでいるようです。本書もこれくらいの意味でAIという言葉を使用しています。

4 ディープラーニングの本質は特徴抽出

~ディープラーニングがモノを識別できるのは「特徴抽出」のおかげ

ディープラーニングがどうやって「ネコ」を認識するのか、そのしくみを簡単に調べてみましょう（詳細は2章以降で調べます）。

特徴抽出は人に似ている

先に述べたように（§1）、2012年の「キャットペーパー」が画期的なのは、コンピューターが自らネコの「特徴」を探し出し、新たなネコを見せられても、「これはネコ」と判断できるという点です。ディープラーニングの世界では、これを**特徴抽出**と呼びます。

コンピューターが獲得したこの特徴抽出のしくみは人に似ています。

たとえば、次のイラストを見てみましょう。人はこの絵を見て「人」と判断します。しかし、どう見ても実物の「人」には似ていません。では、どうして人は「人」と判断するのでしょう。それは、この絵が人の特徴を備えているからです。

本物の人とは似ていない絵が「人」と判断されるのは、人が「特徴抽出」で理解しているから

この絵を見たとき、「丸があり、その中央付近に二つの形が対象的に配置され、下に横長の形がある」という特徴を見て、人は「人」と判断するわけです。

もっと極端にいうと、人を意図しない図柄に対しても、人は「人」をイメージする場合があります。たとえば次の図を見てください。世界の電源プラグの形状を示したものですが、いくつかは人の顔に見えません

か？　人の脳は全く違う世界のモノでも、それを「人」と早合点してしまう面白さを持つのです。

　この判断方法は、遺伝的な影響ももちろんですが、多くは生まれた後の学習のおかげと考えられます。**たくさんの人やモノと出会いながら、「これは人」「それは人ではない」という学習を積んでいきます**。その中で人は「人」という「特徴」を自らつかんでいくわけです。「キャットペーパー」は、この人の学習の過程をコンピューターの中で再現したと考えられます。

特徴抽出は画像だけに限らない

　「キャットペーパー」は画像からネコを識別しました。なぜネコなのかは寡聞にして知りませんが、それがネコである必然性はありません。イヌでもよいし、スズメでもよいわけです。対象になる画像がたくさん用意されていれば、「特徴抽出」が可能なのです。

　さらに、「特徴抽出」の対象は画像に限りません。画像データは**デジタルデータ**、すなわち0と1で表現されたデータです。コンピューターにはデジタルデータの中身が何であるかはわかりません。そこで、それが画像である必要はないのです。音でも、言葉でも、デジタル化されていれば、なんでもよいわけです。

デジタルデータ。コンピュータで処理するには、これが画像でも、音でも、何でもよい

　そこで、ディープラーニングの手法は言葉や音にも、そしてもっと一般的なデジタルデータにも適用されます。ディープラーニングが多くの分野で活躍するのは、これが理由です。

5 教師あり学習と教師なし学習

～ディープラーニングが採用する
「教師あり学習」のデータには正解がある

人が何かを学ぶには、さまざまな方法があります。AIがデータから学ぶ方法もいろいろです。ここでは代表的な三つの方法を調べます。

AIのためのデータ

　ディープラーニングでは、さらに一般的には機械学習の世界では、データが不可欠です。機械学習はそのデータを用いて予測や識別、分類のシステムを完成するからです。このAIを決定するデータを**訓練データ**（training data）といいます。そして、訓練データを用いて機械学習からAIを決定することを、AIに**学習させる**（または、「AIが学習する」）と表現します。

(注) 訓練データは**学習データ**などとも呼ばれます。

教師あり学習

　機械学習の場合、AIの動作を100%完全に規定することはしません。与えたデータからAIが「学習」する余地を残します。その「学習」の方法として、機械学習は大きく三つに分けられます。「教師あり学習」「教師なし学習」「強化学習」の三つです。

この中で、**教師あり学習**（Supervised Learning）は最も普及している機械学習の形態です。訓練データの各要素には正解が付けられ、その正解を頼って、機械学習はモデルを確定します。

　「教師あり学習」がその学習に利用する訓練データを**正解付きデータ**とか**ラベル付きデータ**などと呼びます。

　訓練データの中の正解部分を**正解ラベル**、または簡単に**正解**とも呼びます。訓練データから正解ラベルを抜いた部分を**予測材料**と呼びます。

手書き数字「2」を識別するための訓練データ。正解ラベルが付与されているのが「教師あり学習」のデータになる

　ディープラーニングは教師あり学習を基本とします。

（例1） イヌとネコとを識別するディープラーニングを決定する際、たくさんのイヌとネコの画像と、その各画像がイヌかネコかを示す識別票が必要です。このとき、イヌとネコの画像とその識別票の組全体が、「訓練データ」になります。そして、画像部分が「予測材料」、識別票の部分が「正解ラベル」（または略して「正解」）になります。

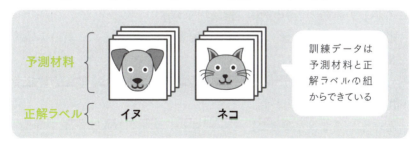

訓練データは予測材料と正解ラベルの組からできている

教師なし学習、強化学習

　教師なし学習（Unsupervised Learning）には正解の部分はありません。基準に従って、与えられたデータの持つ性質を探し、識別や分類をしま

23

す。正解を付与しないで済むのでデータの準備は容易ですが、扱いは数学的に面倒になります。

強化学習（Reinforcement Learning）は試行錯誤を通じて「価値を最大化するような行動」を求める学習法です。こう表現すると抽象的ですが、人が自転車の乗り方を覚えるときや、泳ぎ方を覚えるときなどを思い出すと理解は容易です。達成感という「価値」を最大にするように、試行錯誤を繰り返し、その中でモデルを確定していきます。

教師なし学習、強化学習については本書では扱いません。ただし、教師あり学習を含め、これらの分類の境界は重なり合う部分があります。現在、その境界において、さまざまな研究が進められています。

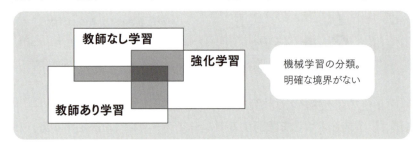

機械学習の分類。明確な境界がない

ディープラーニングの学習と推論

AIの発展があまりに早すぎるため、用語の統一がなされていないところがあります。一つの例は「推論」です。

通常の意味で、「推論」とは既存の論理や知識をもとに，新しい結論を得ることをいいます。

ところが、ディープラーニングの「学習」の文脈では、違った意味で利用されることがあります。

これまで見てきたように、ディープラーニングの世界では、**「学習」とは訓練データを使ってニューラルネットワークを決定すること**です。それに対して、**「推論」とは、「学習」して完成したディープラーニングのネットワークに、実際のデータを与え、目的の処理を行なわせること**、という意味で使われるのが普通です。

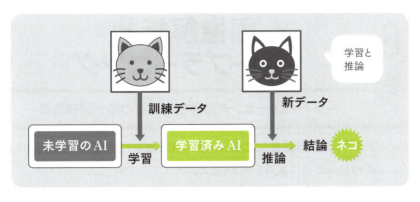

　ところで、「**学習」には膨大な計算が必要**になります。たとえばスマートスピーカーで自然な会話ができるようにするディープラーニングのシステムをつくるには、巨大なコンピューターと膨大なデータが必要になります。

　それに比して、「**推論」にはそれほどの計算を要しません**。できあがったネットワークを利用するだけだからです。要するに、「推論」に用いられる「学習済み」コンピューターには、高い性能が求められないのです。

　そこで、近年は「推論」用に特化したディープラーニング用のコンピューターが開発され始めました。これを利用すれば、小型のシステムで、ディープラーニングの成果を享受できるようになります。たとえば現在、外国語に翻訳する際、スマートフォンはネットにつなげる必要があります。しかし、近い将来、オフラインでも翻訳ができる時代が来るでしょう。

> **memo　半教師あり学習**
>
> 　機械学習の方法には、「教師あり学習」「教師なし学習」「強化学習」以外にも、いろいろな学習法があります。近年話題なのが「半教師あり学習」と呼ばれるものです。正解ラベルが付けられていないデータに対して、正解ラベルが付けられたデータからその正解を予測し、教師あり学習として活かそうとする技法です。

6 画像解析とディープラーニング

～ディープラーニングの最初の活躍の場が画像解析

ディープラーニングは機械（コンピューター）に「見る」能力を与えてくれました。この能力の獲得は生活を大きく変えようとしています。

画像解析

デジタル化された画像データに対して、何が写っているかを分類（Classification）したり認識（Recognition）したり、検出（Detection）したりすることを**画像解析**といいます。

種類	意味
分類・認識	「何が」写っているかを分類、識別すること。
検出	「何が」だけでなく、「どこに」写っているかまで区別すること。

§1で調べたキャットペーパーは、まさにこの画像解析をテーマとしています。たくさんのネコの画像から、ネコを識別したのです。

ところで、この画像解析として有名なものに「顔検出」があります。ディープラーニングが開発される前の2010年の段階で、一部のデジタルカメラにすでに搭載されていました。写したい人にカメラを向けると、自動でピントをその人の顔に合わせてくれる機能です。

顔検出機能では、カメラが自動で人物の顔を判別し、顔の部分にピントを合わせる

2010年当時のこのデジタルカメラの画像解析と、ディープラーニングが実現した画像解析とはどこが違うのでしょうか。

街で活躍するディープラーニング

ディープラーニングが実現する画像解析は、精度において、デジタルカメラの能力とは比べ物になりません。たとえば「顔認識」でいうと、ディープラーニングの画像解析は、多くの人が写っている写真の中から一人ひとりを区別できます。また、サングラスやマスクをしていても対象者を認識します。

ディープラーニングが実現したこの精度のよい「顔検出」機能は、顔認証と呼ばれる応用分野に発展しています。空港や街中で、特定の人物を確定するのにディープラーニングが利用されているのです。眼鏡やマスクの着脱に関係せず、しっかり対象を検出し、識別してくれます。

顔認証ゲート。旅券のICチップに記録された顔の画像と、顔認証ゲートのカメラで撮影した顔の画像を照合し、本人確認を行なう

この技術は、治安対策にも利用されています。駅や道路、建物内において、群衆から一人を特定し追跡することもできるからです。SF映画のような技術がディープラーニングにより実現されています。一方で、それは「監視社会」の到来と、人を不安にさせています。

交通で活躍するディープラーニング

自動運転の開発競争が世界で繰り広げられています。交通事故の減少やカーシェアリングの切り札として期待されている技術です。

ところで、自動運転といっても、単に人の運転をサポートするレベルから、完全に人に頼らないレベルまでさまざまです（次の表）。

SAE レベル0	人間の運転者が、全てを行う。
SAE レベル1	車両の自動化システムが、人間の運転者をときどき支援し、いくつかの運転タスクを実施することができる。
SAE レベル2	車両の自動化システムが、いくつかの運転タスクを事実上実施することができる一方、人間の運転者は、運転環境を監視し、また、残りの部分の運転タスクを実施し続けることになる。
SAE レベル3	自動化システムは、いくつかの運転タスクを事実上実施するとともに、運転環境をある場合に監視する一方、人間の運転者は、自動化システムが要請した場合に、制御を取り戻す準備をしておかなければならない。
SAE レベル4	自動化システムは、運転タスクを実施し、運転環境を監視することができる。人間は、制御を取り戻す必要はないが、自動化システムは、ある環境・条件下のみで運航することができる。
SAE レベル5	自動化システムは、人間の運転者が運転できる全ての条件下において、全ての運転タスクを実施することができる。

（出典）内閣官房IT総合戦略室より
https://www.kantei.go.jp/jp/singi/it2/senmon_bunka/detakatsuyokiban/dorokotsu_dai1/siryou3.pdf

（注）SAE とは、Society of Automotive Engineers の頭字語。

　レベル0以外、この表に示したどのレベルでも大切なのが画像解析です。
　周りにある対象が人、自転車、クルマ、静止物によって運転の動作が異なります。そこで、自動運転車には複数のカメラが取り付けられていますが、映された対象物が何かを瞬時に正確に識別しなければなりません。ここにディープラーニングの画像解析が活かされるのです。

車載カメラに写った画像を分析し、人やクルマを識別。こうして、安全な運転を実現

医療で活躍するディープラーニング

　コンピューターが「見る」能力を持ったということは、これまで人が

視覚的に判断していた作業をコンピューターに置き換えることができることを意味します。それは専門の分野でも当てはまります。一例が画像診断です。

　画像診断とは、外見だけではわからない体内の様子を画像にし、異常がないかどうかを診断する医療技術のことです。19世紀末から実用化されたX線写真から始まり、現在ではCT、MRI、PET、エコーなどの略称でさまざまな医療分野で利用されています。

　現在、得られた画像はデジタル化され、コンピューターに収められます。ディープラーニングが活躍できるお膳立てが揃っているのです。医療分野でディープラーニングが活用されるのは当然のことでしょう。

　§1で調べた「イヌかネコか」の識別技術を、たとえば「腫瘍か正常か」に置き換えれば、画像から腫瘍の診断が可能になりえるのです。

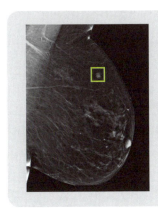

ディープラーニングが乳がんを識別

©MIT CSAIL
https://www.csail.mit.edu/news/using-ai-predict-breast-cancer-and-personalize-care

　疲れを知らないディープラーニングによる画像診断のメリットは、「見落とし」が少ない点です。実際、いくつかの分野では、診断精度がベテランの医師よりも良いシステムが作成されています。

7 音声認識とディープラーニング

~ディープラーニングの応用の世界は画像だけにとどまらない

音声は音の振動であり、その振動はデジタル画像として表現できます。ディープラーニングはこの画像も分析できます。

音声認識とディープラーニング

　ディープラーニングが「猫」を認識したという話を聞くと、それは画像であり、音には関係ない技術と思われるかもしれません。ところが、そうではありません。

　たとえば、スマートフォンにテキストを入力するとき、人の声（すなわち音声）で入力できます。そこにディープラーニングが活躍しています。

話しかけるだけで、スマートフォンに文字入力ができる。裏ではディープラーニングが活躍

　また、近年**AIスピーカー**とか、**スマートスピーカー**と呼ばれる家電が普及しています。ここでもディープラーニングが活躍しています。

AIスピーカー（スマートスピーカー）。インターネットを介して人と会話するように、さまざまな情報が得られる

　ディープラーニングのおかげで、スピーカーに向かって話しかけると、

あたかも人と会話しているように、インターネット上のサービスが利用できます。

このように、音声を分析して、それを意味のある言葉に置き換える技術を**音声認識**と呼びます。この音声認識の分野でも、ディープラーニングの技術は引っ張りだこです。

音声はデジタルデータで表現可

音は空気の振動であり、その振動は波形として形で表現されます。すなわち、音は画像と同等なのです。ディープラーニングの出発点となる「写真の中の猫」と同様の扱いが可能な理由がここにあります。

ディープラーニングを利用すれば、音声から得られるデジタルデータから「特徴量」が得られます。こうして、音声から言葉に変換できる準備が整えられるのです。

音声入力について調べてみよう

音声をどのように言葉に変換するか、スマートフォンを例にして調べてみましょう。

スマートフォンの音声入力のためのシステムはスマートフォンの中にはありません。インターネットの先につながったコンピューターにあります（このコンピューターはクラウドと呼ばれます）。

音声は「音素」と呼ばれる言葉の要素に分解され、その一つひとつがディープラーニングによって文字に置き換えられます。

たとえば、「ありがとう」と音声入力すると、それは音「あ」「り」「が」「と」「う」という音素に分解されます。各音素はそれを表わす波形の画像から、ディープラーニングによって各文字「あ」「り」「が」「と」「う」に対応付けられるのです。

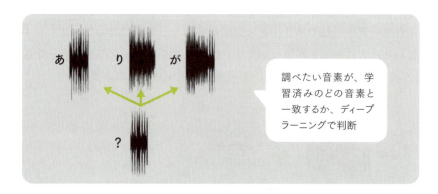

調べたい音素が、学習済みのどの音素と一致するか、ディープラーニングで判断

文字に置き換えられた音声は、次にクラウドにある言葉の辞書と照合されます。ここで最適な言葉に変換されることになります。

生活を激変させる「会話するAI」

音声入力が言葉に変換されれば、その意味を分析することで、声の主と会話することが可能になります。「会話するAI」の誕生です。

先に例示したAIスピーカーがその一つの形です。また、ロボットに組み込まれ、ホテルや駅の案内役にもなっています。

ディープラーニングは会話するロボットを可能にした

近年では、コールセンターの業務の一部も、AIが引き受けるようになっています。このように、ディープラーニングのもたらした技術は、かつてSF映画でしか見られなかった機械との会話を実現しているのです。

　ちなみに、ロボットとの会話をするには、文字から滑らかな音声を生成する技術も必要です。この技術を音声合成と呼びます。近年、ここにもディープラーニングの技術が応用されています。

　また、ディープラーニングは文字処理を通して翻訳の世界にも応用されています。自動翻訳と呼ばれる分野です。近未来的には、海外旅行で言語に不自由することはなくなるでしょう。

memo 音声認識と音声認証の違い

　ここで調べた、音声を言葉にするように人の音声をコンピューターに認識させる技術を音声認識と呼びます。ところで、音声認識と似た言葉に音声認証があります。声認証、声紋認証ともいわれます。これは声から本人かどうかを判定する技術です。多人数の声紋のデータベースの中から、入力された声が誰であるかを特定します。

　音声認証は古くからある技術です。刑事ドラマなどで、電話の録音から犯人を特定するシーンがありますが、これは「音声認証」の一つと考えられます。

　現在、この音声認証の分野でも、ディープラーニングが活躍しています。画像で培われた技術が、音声でもそのまま利用できるからです。

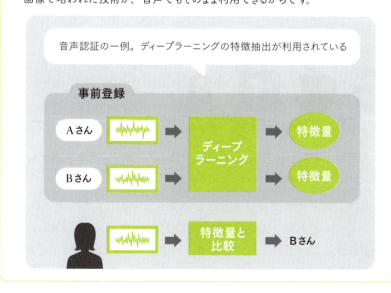

音声認証の一例。ディープラーニングの特徴抽出が利用されている

8 ビッグデータとベストマッチするディープラーニング

~ディープラーニングは大量データから特徴を見抜く

現在、インターネットに流れるデータ量は人類の経験したことのない大きさに膨らんでいます。それが「ビッグデータ」です。このような膨大なデータに対して、どう対応できるか研究が進んでいます。
ディープラーニングはその対応策として期待を集めています。

ビッグデータとは

　現在は「データの世紀」といわれます。そしてデータを「21世紀の石油」と表現します。データが富を生む最大の原動力になっている時代を表わす言葉です。

　たとえばGAFAを見ればよくわかります。よく知られているように、GAFAとはGoogle、Amazon、Facebook、Appleの頭文字をとった企業群を表わします。データの力によって、さまざまな分野で世界を席巻し、富を集中させています。

IT産業を牛耳る米4大企業をGAFAと呼んでいる

　この「データの世紀」の本質こそ**ビッグデータ**です。その例を次のグラフで見てみましょう。

　これはアメリカの調査会社IDCの調査レポート（2017年）から引用しています。それによると、2025年には163ゼタバイト（ZB）のデータが生成されると予想されています。地球上の砂粒の個数は1ゼタバイト（ZB）に満たないといわれるので、その膨大さが理解されます。ま

さに現代社会は、人間の想像を超えた桁違いのデータ量に直面しているのです。

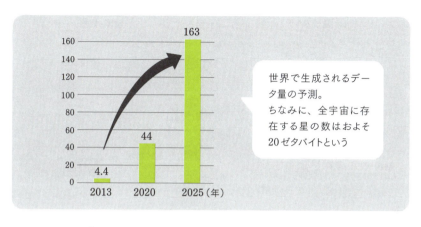

ちなみに、「ゼタバイト」は聞きなれないかもしれません。これは次の表の関係で示される単位の名です。

キロバイト(kB)	1,000バイト	
メガバイト(MB)	1,000,000	= 1,000キロバイト
ギガバイト(GB)	1,000,000,000	= 1,000メガバイト
テラバイト(TB)	1,000,000,000,000	= 1,000ギガバイト
ペタバイト(PB)	1,000,000,000,000,000	= 1,000テラバイト
エクサバイト(EB)	1,000,000,000,000,000,000	= 1,000ペタバイト
ゼタバイト(ZB)	1,000,000,000,000,000,000,000	= 1,000エクサバイト

ビッグデータの生まれる場所

ビッグデータはどこに存在しているのでしょう。

現在、データのほとんどはインターネットを介してサーバー（すなわちクラウドと呼ばれるコンピューター）に蓄積されていきます。

では、そのデータはどこで生まれているのでしょうか。代表的な場所を図に示してみます。

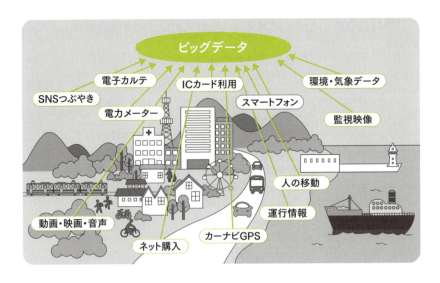

この図からわかるように、データは私たちの生活や経済の活動のほぼすべてから生み出されています。それが集められれば「ビッグデータ」となるのは当然です。

しかし、このビッグデータをどう料理してよいか、最近まで良い策がなかなか見つけられないでいました。ディープラーニングはここでも私たちに素敵な道具を提供してくれたのです。

ディープラーニングとビッグデータ

ディープラーニングは大きなデータから、そこに潜む「特徴」を抽出する能力を持ちます。先に示したキャットペーパー（§1）がユーチューブの膨大な画像の中からネコを識別できたのはこの能力のためです。

この「**大量のデータから、その中に潜む特徴を抽出する**」**という能力こそが、ビッグデータを分析する力になる**と期待されています。大量の

画像から「ネコ」を識別できたように、膨大なビッグデータからさまざまな「特徴」が見出せるはずです。そして、その「特徴」が見出されれば、そのデータの元になる生活や経済のさまざまな問題が解決されるでしょう。

ビッグデータから得られた特徴の解釈

ディープラーニングの抽出するビッグデータの「特徴」は、ときには大変難解なこともあります。アメリカの有名な話を紹介しましょう。

（例）**紙おむつが売れると缶ビールも売れる**

これはアメリカ大手のスーパーマーケットのビックデータ分析の例です。ディープラーニングを利用すれば、このような特徴を見出すのは簡単です。しかし、その解釈は難しいでしょう。

現在、この「特徴」に対する解釈として、次の説が有名です。

「幼児をもつ家庭では、かさばる紙おむつの購入を妻は夫に頼む。すると夫はついでに缶ビールも購入してしまう」

しかし、解釈はどうであれ、分析を依頼したスーパーマーケットにとって、この「特徴」は大変ありがたいものです。紙おむつ売り場にビール売り場を近づければ、売り上げ増が期待されるからです。

この例のように、ディープラーニングによるビッグデータ分析は、人には思いつかないデータの特徴を教えてくれます。

---

memo ビッグデータと3つのＶ

「ビッグデータ」はこれまでのデータにくらべ、以下の3つの違いがあります。第1は、その名称から当然ですが、データ量（volume）が多いということです。第2はデータの種類（variety）が多いということです。3つ目はデータの変化する頻度（velocity）が大きいということです。これらをまとめて「3つのＶ」と表現します。

9 第4次産業革命を支える ディープラーニング

～ディープラーニングは産業の形態を変える

現代は第4次産業革命が進行中です。その中で存在感を増しているのがディープラーニングです。

産業革命

「**第4次産業革命**」とは、デジタルデータを用いて産業構造を変革しようとする時代の動きを表わす言葉です。最初、ドイツが「**インダストリー4.0**」という名称でその考え方を普及させました。

「産業革命」と聞くと、「ワットの蒸気機関」という言葉が想起されるのではないでしょうか。この機械が工場の動力源となり、大量生産を可能にし、18世紀の産業構造に革命をもたらしたのです。現代では、これを**第1次産業革命**と呼んでいます。

第1次産業革命以降、私たちは何度かの産業革命を経験してきました（次の表）。

区切り	開始時期	内容
第1次産業革命	18世紀末	水力や蒸気機関による工場の機械化
第2次産業革命	20世紀初	分業に基づく電力を用いた大量生産
第3次産業革命	20世紀後半	電子工学や情報技術を用いた一層のオートメーション化
第4次産業革命	21世紀	ビッグデータを集約し、AIで解析し利用するデジタル革命

さて、第1次産業革命の蒸気機関からわかるように、画期的な技術が産業構造に変革をもたらします。ディープラーニングの発明が、現代に

おいて、まさにその「画期的な技術」になっているのです。ディープラーニングが社会に与えたインパクトは、18世紀の産業革命を引き起こしたジェームズ・ワット（1736 〜 1819）の蒸気機関にも比肩されるものです。21世紀の社会の形態を大きく変貌させようとしています。

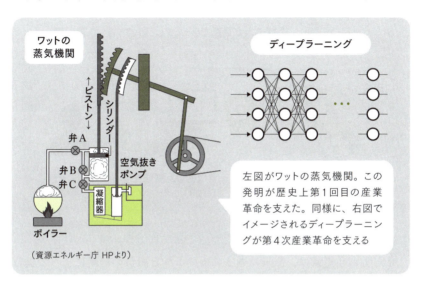

左図がワットの蒸気機関。この発明が歴史上第1回目の産業革命を支えた。同様に、右図でイメージされるディープラーニングが第4次産業革命を支える

例を見てみよう

　ディープラーニングが現代の産業革命の立役者になったのは、これまで調べてきたように、**コンピューターが「目」を持ち、さまざまな作業をこなせるようになった**からです。また、どんなデジタルデータも解析できるという柔軟性を持つからです。

　たとえば、ディープラーニングを実装した機械は、これまでに比べて、より精密な作業ができるようになりました。優れた眼を持ったからです。熟練工にしかできなかった細かい工業製品の組み立てや検査を、ロボットがこなせるようになったのです。

　また、細かいモノを見分けられるようになった機械は、同一のベルトコンベアーで、多品種・少量の生産を可能にしました。大量生産してきた工場に少し手を加えることで、ディープラーニングは個性のある商品を生み出せるようになったのです。

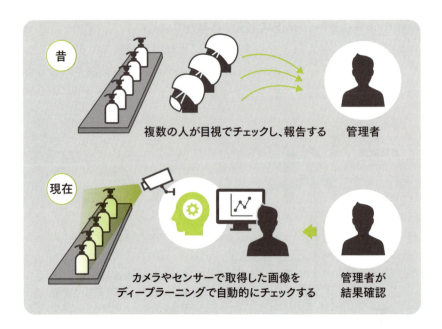

さらに、もう一つの例を発電所で見てみましょう。

発電所の発電量は、従来は過去の需要予測と所員の経験によって調整されていました。発電量に関係するデータは種類が多岐にわたり、それを分析する武器がなかったからです。しかし、ディープラーニングが誕生してから、話は変わりました。たくさんのデータを集め組み合わせることで、より良い発電量の予測が可能になったのです。

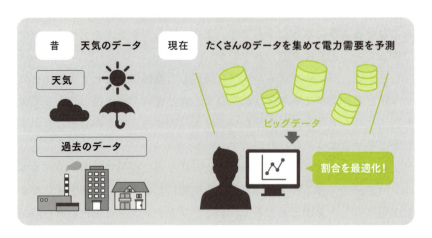

2章

絵でわかるディープラーニングのしくみ

数学的な解説の前に、
ディープラーニングがどんなものか、
絵的に調べてみることにしましょう。
厳密ではありませんが、
ディープラーニングのイメージがつくれるはずです。

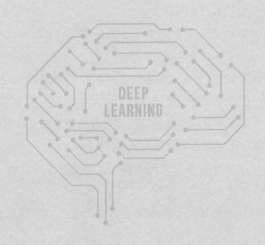

1 話の始まりは ニューロンから

〜脳の神経細胞、すなわちニューロンの性質を理解しよう

ディープラーニングは「ニューラルネットワーク」を基本とします。このネットワークは脳の神経細胞（すなわちニューロン）をモデル化したものを組み合わせたものです。本節では、このモデル化したニューロンを考えるための出発点として、脳の神経細胞の働きを簡単に調べることにしましょう。

入力と出力とは？

　本論に入る前に、普段の生活では使われない「入力」と「出力」という言葉の意味を確認しましょう。

　AIの世界、さらに一般的にはコンピューターが関与する世界では、「入力」、「出力」という言葉が多用されます。日常生活ではなじみのない言葉です。そこで、これらの言葉の意味について確認します。

　コンピューターの世界で、**入力**とは対象物に信号やデータなどの情報**を与えること**を意味します。

- （例1）スマートフォンに文字を入れることを「スマートフォンに文字を入力する」と呼びます。
- （例2）パソコンにデータを読ませることを「パソコンにデータを入力する」と呼びます。

　文字通りに解釈して「力を入れることが入力」と理解すると、何を言っているのかわからなくなるので注意してください。

　同様に、コンピューターの世界で、**出力**とは対象物から信号やデータ**などの情報を取り出すこと**を意味します。

- （例3）スマートフォンから音声が聞こえることを「スマートフォンが音声を出力した」と呼びます。
- （例4）パソコンが処理結果を印刷することを「パソコンが印刷物を

出力した」と呼びます。

入力と出力の意味

生物のニューロンの構造

それでは、本論である「ニューロンの話」を始めましょう。

動物の脳の中には多数の神経細胞（すなわち**ニューロン**）が存在し、互いに結びついてネットワークを形づくっています。1個のニューロンは他のニューロンから信号を受け取り、別の他のニューロンへ信号を送り出しているのです。

人の脳のニューロンの個数は1千数百億個といわれています。そのネットワークはさぞかし複雑であろうと想像されます。

ニューロンが電気信号を伝えるしくみを見てみましょう。

下図に示すように、1個のニューロンは細胞体、樹状突起、軸索の3つの主要な部分から構成されています。隣のニューロンからの信号は樹状突起を介して細胞体に伝わります。細胞体はニューロンの主要部分で、受け取った信号の大小を判定し、その判定結果を隣の別のニューロンに

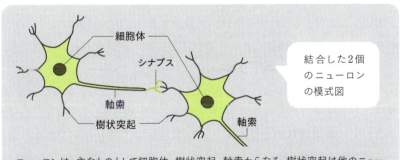

結合した2個のニューロンの模式図

ニューロンは、主なものとして細胞体、樹状突起、軸索からなる。樹状突起は他のニューロンからの電気信号を受け取る突起である。そこから受け取った信号は、本体の細胞体で処理され、軸索に伝えられる。軸索は、「シナプス」を介して、別のニューロンの樹状突起に信号を伝える。

伝えます。

　コンピューター的に表現してみましょう。ニューロンは「樹状突起」を入力装置とし、「軸索」を出力装置とします。そして、「細胞体」は処理装置本体といえます。この処理装置は入力信号の大小を判定し、出力装置の「軸索」に結果を伝えます。

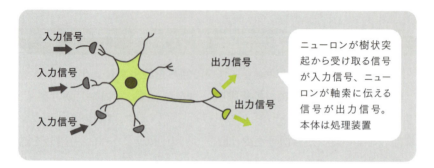

ニューロンが樹状突起から受け取る信号が入力信号、ニューロンが軸索に伝える信号が出力信号。本体は処理装置

　脳はこのニューロンが連係プレーすることによって情報を処理していると考えられています。

　こんな単純な構造からどうやって「知能」が生まれるのか、不思議です。ディープラーニングはその一つの答えを提示してくれます。

ニューロンの入力信号の処理法

　ニューロンは入力信号の大小を判定し、隣に伝えるといいました。どのように入力信号の大小を判定し、どのように伝えるのでしょうか？

　大切なことは、1個のニューロンに着目すると、他の複数のニューロンから信号を受け取る場合、ニューロンごとに扱いが異なるという点です。

　このことを図で確かめてみましょう。

　次の図のように、ニューロンAが他のニューロン1～3から信号を受け取るとします。ニューロンAは、ニューロン1～3から来る信号を加え合わせた和の信号が受け取ることになります。このとき大切なのが、その和は重み付きの和になるということです。すなわち、**各ニューロンから来る信号の大きさに重み（weight）を付ける**のです。

　たとえば、次の図でニューロン1からの信号には「重み」5を、ニューロン2からの信号には「重み」7を、ニューロン3からの信号には「重み」

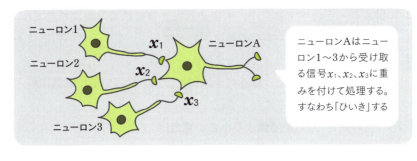

9を付けるとします。そして、ニューロン1〜3からの信号の値をx_1、x_2、x_3とします。

すると、ニューロンAの受け取る信号の和は、次のように重み付きの和として表わせることになります。

重み付きの和$= 5 \times x_1 + 7 \times x_2 + 9 \times x_3$ … (1)

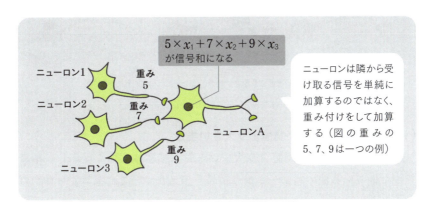

この重みを付けて信号を処理するというしくみこそ、ニューロンのネットワークが知性を生じる源となります。
ニューラルネットワークを考える際、この重みをどのように決めるかが大切な問題になりますが、それはまだ先の話です。

発火

式(1)で例示されるような重み付きの和を受け取ったニューロンは、それをどのように処理するか調べましょう。

先に「細胞体は受け取った信号の大小を判定し、結果を隣のニューロ

ンに伝える」と述べましたが、大小を判定するには基準値が必要です。ニューロンが判定に用いるその基準値を閾値といいます。この閾値は各ニューロンがそれぞれ固有に持ちます。

それでは、いま調べた「重み付きの和」の大小に応じて、細胞体がどう反応するかを調べてみましょう。

（ⅰ）「重み付きの和」が閾値より小さい場合

「重み付きの和」が閾値より小さいとき、ニューロンの細胞体は何も反応しません。受け取った信号を無視するのです。

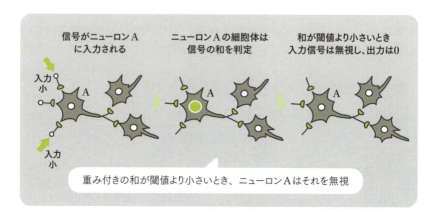

重み付きの和が閾値より小さいとき、ニューロンAはそれを無視

（ⅱ）「重み付きの和」が閾値より大きい場合

「重み付きの和」が閾値より大きいとき、細胞体は強く反応し、軸索をつなげている他のニューロンに信号を伝えます。これをニューロンの発火といいます。「発火」は英語のfiringの訳です。

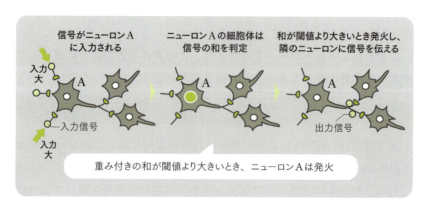

重み付きの和が閾値より大きいとき、ニューロンAは発火

閾値はニューロンの敏感度

「重み付きの和」が閾値より小さい場合、それを無視すると述べました。この「小さい信号を無視する」性質は、生命にとって大切なことです。そうでないと、ちょっとした信号の揺らぎにニューロンが反応することになり、神経系は「情緒不安定」になってしまいます。

そこで、**閾値はニューロンの「敏感度」を表わす**と考えられます。閾値の小さなニューロン（すなわち敏感なニューロン）は、小さな信号にも反応して興奮し、発火します。閾値の大きなニューロン（すなわち鈍感なニューロン）は、細かい入力信号には反応せず、無視します。

閾値は英語のthresholdの翻訳です。「敷居」（すなわち閾）と訳される言葉です。電子工学の世界でも、よく利用されます。「閾を越えると中に入れる」というイメージが、「値を超えると発火する」のイメージと重なります。

ちなみに、閾値は正しくは「いきち」と読みますが、多くは「しきいち」と読まれています。また、生理学や心理学では「いきち」、物理学や工学では「しきいち」と読むことが多いようです。

ニューロンの出力

発火したときのニューロンの出力信号はどのようなものでしょうか？その性質を調べてみましょう。

面白いことに、入力の「重み付きの和」の大きさに関係せず、それは一定の大きさなのです。たとえば、隣から大きな信号を受け取ったとしても、出力する信号の値は一定なのです。

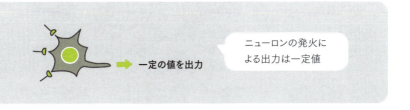

ニューロンの発火による出力は一定値

また面白いことに、該当ニューロンが複数の隣のニューロンへ軸索をつなげていても、隣の各ニューロンに渡す出力信号の値は一定です。たとえば、隣の2個のニューロンに信号を伝えるとしましょう（次図）。このとき、伝える信号の値は、1個の場合の半分にはなりません。1個の場合と同じなのです。

発火したニューロンは軸索でつながったすべてのニューロンに同じ大きさの信号を伝える

さらに面白いことは、この発火によって出力された信号の値はどのニューロンも共通しているということです。ニューロンの場所や役割が違っても、出力信号の大きさは共通しているのです。

以上のことをコンピューター的にまとめると、**ニューロンの「発火」で生まれる出力情報は0か1で表わせるデジタル信号**として表現できることになります。

ニューロン1個は知能を持たない

これまで調べてきたことからわかるように、ニューロン1個は何の知能も持ちません。それらが集団になり、ネットワークをつくると、知能を持つことになるのです。

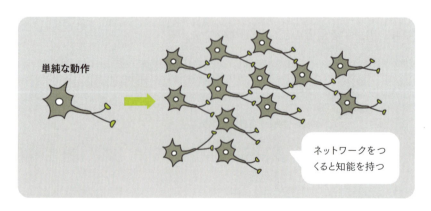

ネットワークをつくると知能を持つ

これはアリやハチの社会と似ています。アリやハチの社会は多くのクローンででき上がっていて、各個体は同一の遺伝子を共有しています。その同一の中身を持つ個体が多少関係を変えて働くことで、複雑な社会をつくり上げています。

本書の狙いの一つは、コンピューターの観点から、この不思議を解き明かすことです。

memo 脳をまねたニューラルネットワーク

生理学的な脳の話は、本節でまとめた程度に留めます。実際、本節で調べた以上の知識は、ニューラルネットワークやディープラーニングの基本を理解するには不要です。

しかし、脳はAI開発の良い教師役になります。

「人は花を見て『花』と認識できる」

「人は芸術を理解する」

「人は問題を考える」

このような「人には簡単」な動作も、それをコンピューターで実現するのは容易ではありません。しかし、ディープラーニングはその実現の扉を開いたことは事実です。

逆に、扉が開かれたために、多くの科学者は警鐘を鳴らしています。

たとえば、天文学で有名な故ホーキング博士は、AIの危険性について次のように述べています。

「人類が完全なAIを開発すれば、そのAIは自ら発展し、加速度的に自身を再設計し始めるでしょう。完全なAIの開発は人類の終わりをもたらす可能性を秘めているのです」

このような指摘を「杞憂」と安易に捉えている文明評論家が多くいます。しかし、それは問題を浅く捉えていることから生まれる楽観主義です。

本書の説明でもわかるように、ディープラーニングは簡単なしくみにもかかわらず、限りなく発展する可能性を秘めています。故ホーキング博士が指摘する「AIは自ら発展」ということは十分に想定できます。

「人は有機物からできた機械」と捉える科学者がいます。そう考えるならば、いつかは『人を超えるAI』が現れても不思議ではありません。

2 ニューロンロボットに解説させる

～ニューロンの働きを簡単なロボットで説明

前の節では、ニューロンの基本的な働きを調べました。ここでは、そのニューロンの働きをイメージしやすいように、簡単なロボットを導入します。名付けて「ニューロンロボット」。

ニューロンの働きを単純ロボットで表現

クニャクニャしたニューロンでは図示するのが面倒です。そこで、動作を抽象化した、簡単なロボットに置き換えて話を進めることにします。このロボットを「ニューロンロボット」と呼ぶことにします。

図に示すように、このロボットの右手（向かって左）の指はニューロンの樹状突起に相当します。指の本数はつながりたい周りのニューロンロボットの数だけ継ぎ足すことができます。

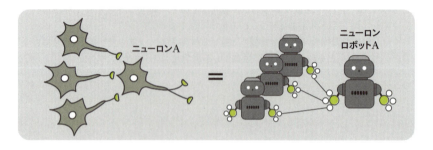

左手（向かって右）はニューロンの軸索に相当します。その左手の先

にある指を介して、ロボットは周りのロボットにつながります。指の数はつなげたい周りのロボットの数だけ継ぎ足すことができます。

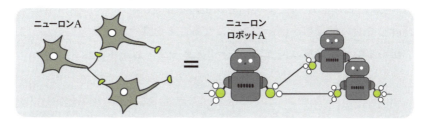

注意してほしいことは、信号はロボットの右手（向かって左）から左手（向かって右）の方向へ向かうということです。そこで、ロボットを結ぶ線は矢で表現されます。

信号は図で左から右なので、つなぐために結ぶ線は右方向の矢で表わせる

ニューロンの「発火」という現象はロボットの「反応」に置き換えます。実際のニューロンは「発火」の有無の2値しかありません。しかし、ディープラーニングで考える人工的なニューロンは、その「発火」に強弱をつけます。そこで、「発火」を「ロボットの反応」と解釈し直すことは、モデルのイメージ化に大変便利になります。

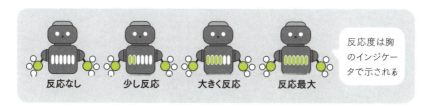

反応度は胸のインジケータで示される

ニューロンの「重み」はロボットをつなぐ線の太さ

前の節（§1）では、ニューロンが他のニューロンから信号をもらうとき、信号に重みを付けて和をとることを調べました。

たとえば、3個のニューロン1、2、3がニューロンAにつながってい

ると仮定します（次図）。そして、ニューロンAが各ニューロン1、2、3に課す重みは、順に3、1、4とします。このとき、ニューロン1、2、3から順に大きさx_1、x_2、x_3の信号が伝わるとき、ニューロンの本体には、合計して次の信号和が伝わることになることを調べました。

伝わる信号和（重み付きの和）＝$3 \times x_1 + 1 \times x_2 + 4 \times x_3$

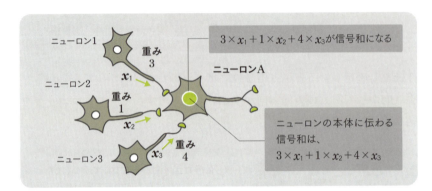

ニューロンロボットを導入し、それで解説するメリットは、この重みを視覚的に示せる点にあります。「重み」は連結した相手をどれだけ重要と思っているかを表わします。しかし、それは抽象的で見えません。ニューロンロボットで考えるなら、それは「結ぶ矢の太さ」と解釈できます。矢が太ければよく伝わり、細ければ伝わりません。上のニューロンの図の様子を、ニューロンロボットで表わしてみましょう。

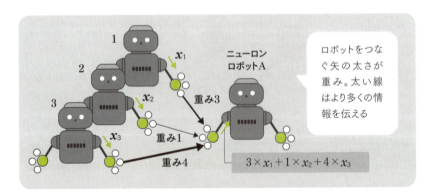

こうして、ニューロンロボットを用いることで、ニューロンの「重み」の意味を視覚的に表現できるようになります。

閾値の図示は難しい

ニューロンの「敏感度」を表わす「閾値」について、どのようにイメージ化するか、考えてみましょう。

ニューロンに見立てたニューロンロボットも、当然「閾値」を持つことを仮定します。しかし、それは図に表現するのが困難です。「敏感度」のような抽象的なものを図示するのは難しいことでしょう。ニューロンの場合と同様、ニューロンロボットでも「閾値はロボットの敏感度を表わす」と理解しておいてください。

ネットワークが知能を持つ

さて、こんな単純なニューロンロボットですが、ネットワークをつくることで「知能」を持てるようになります。実際、1章§1で調べた「キャットペーパー」は、ここで調べたロボットと同じ機能からネットワークをつくり、ユーチューブの画像から「ネコ」を識別したのです。

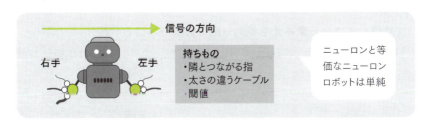

単純なロボットを組み合わせて「知能」を創ることを可能にしたのが「ネットワーク全体が力を合わせて働く」というアイデアです。次節から、ニューロンロボットを上手に組み合わせてシステム化することで、知能を持たせることが可能なことを見ていきましょう。

3 ニューロンロボットを層状に配列

～ニューロンを層状に並べると「知能」が生まれる秘密

単純な働きをするニューロンロボットですが、役割を決めて層状に並べると、「知能」を持てるようになります。その並べ方を見てみましょう。

目に入った映像の処理の流れ

　話を始める前に、人の目に入った映像信号がどのように処理されるか、その概略を追ってみます。後述するニューラルネットワークは、この流れを模倣しています。

　具体例として、ネコかイヌかの映像を見て、どちらかを識別する場合を考えます。

　いま、ネコかイヌか、どちらかが視野に入ったとしましょう。すると、それから来た光は目の知覚細胞、すなわち網膜上の視細胞に当たります。視細胞はその光を神経特有の信号に変換します。その信号は脳細胞に送られ、分析されます。その分析の結果、「これはイヌ」、「これはネコ」と判断されるのです。単純にいえば、次のようなステップを追うことになります。

（処理）ネコから来る光を感知→脳で分析→ネコと判断

　あまりにも単純化し過ぎかもしれませんが、意外にもこの単純化が成功の道につながります。

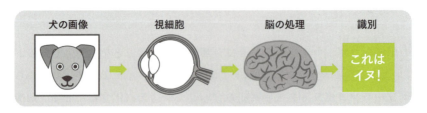

3種の層を仮定

では、イヌとネコを区別できるように、ロボットを並べてみましょう。そのためには、先に調べた脳の映像処理を真似て、次のように「入力層・隠れ層・出力層」の3層構造にすればよいのです。この層を矢で結んだのが**ニューラルネットワーク**の一つの例となります。

(注)隠れ層と出力層のロボットには、上から順に区別するための番号を割り振っています。なお、隠れ層のロボット数は恣意的に決めています。

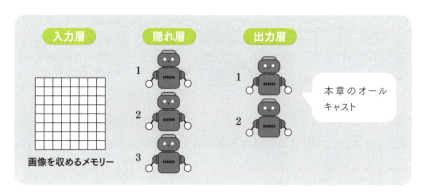

実際のディープラーニングでは、ロボット構成はたくさんの層からでき上がっています。しかし、基本はこの3層構造です。このしくみが理解されれば、実際の複雑な場合への応用は容易でしょう。

入力層の働き

上の「オールキャスト」の図の左端には、イヌとネコの写真を収める画像用メモリーがあります。これを**入力層**と呼びます。入力層の構成要素はニューロンロボットではありません。隣の隠れ層に画像信号を出力するだけです。

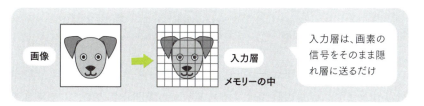

この図では、入力層は8×8個の画素の画像に対応しています（こんな粗い画像は存在しませんが、簡単にするための仮の話です）。人でいうと、網膜の中の視細胞が入力層の各画素に当たると考えられます。

隠れ層の働き

　前ページの「オールキャスト」の図において、中央の縦の列にニューロンロボットが3個並んでいます。この列は**隠れ層**と呼ばれる層を形成します。ニューラルネットワークでは、この層が大切になります。

隠れ層の各ニューロンロボットは、入力層の画像の各画素と連結している

　隠れ層の各ロボットの右手（向かって左）の指は画素数の8×8＝64本あります。その指で入力層の画素の各々につながっています。左手（向かって右）の指には2本の指があります。各指は出力層の2個のニューロンロボットにつながっています。

出力層の働き

　前ページの「オールキャスト」の図において、右端の縦の列に2個のニューロンロボットが並んでいます。この列は**出力層**と呼ばれる層を形成します。

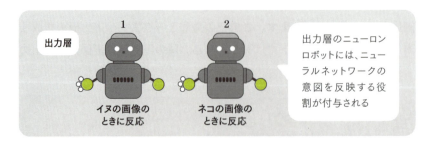

出力層のニューロンロボットには、ニューラルネットワークの意図を反映する役割が付与される

　出力層のニューロンロボットには、ネットワークの目的を示す役割が付与されます。いまの課題は「イヌとネコの識別」なので、これら2者

のニューロンロボットに次の役割を持たせます。

> ロボット1…イヌの画像が入力層に読み込まれたとき反応
> ロボット2…ネコの画像が入力層に読み込まれたとき反応

出力層の各ロボットの右手（向かって左）の指は3本あります。その指で隠れ層の各々のロボットにつながっています。

矢でつなぐ

それでは、矢で結んでニューラルネットワークを完成させましょう。

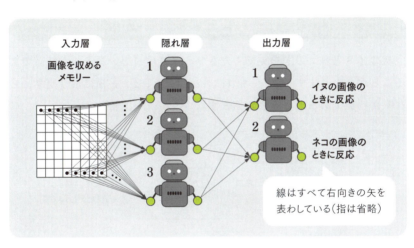

信号は左から右に向かうので、矢は右に向いています。留意すべき点は、入力層と隠れ層、隠れ層と出力層の各要素は、すべて矢で結ばれていることです。このようなつなぎ方を**全結合**と呼びます。

> **memo　画素**
>
> デジタルカメラで撮られる画像は、それを検知するためのイメージセンサーに収められます。このとき、画像は格子状に区切られて処理されています。その格子の1区画を**画素**といいます。

4 ニューラルネットワークが知能を持つしくみ

~ニューロンロボットを層状に並べると「知能」が生まれる秘密

ニューロンロボットを層状に並べましたが、どうして「知能」を持てるのか不思議です。しかし、そのしくみは「コロンブスの卵」のように、意外に簡単です。

特徴パターンを探す

次のイヌとネコの図を見てください。イヌは「黒い鼻先」が特徴であることがわかります。また、ネコは「ω口」と、ピンと横に張り出す「ヒゲ」が特徴であることがわかります。

入力層のメモリーに8×8個の画素を持つ画像として読み込んでみましょう。

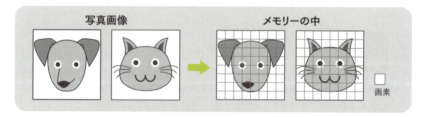

「黒い鼻先」がイヌの特徴で、「ω口」と「ヒゲ」がネコの特徴ならば、「黒い鼻先」、「ω口」、「ヒゲ」の画素の位置だけに着目すれば、イヌとネコが区別できるはずです。

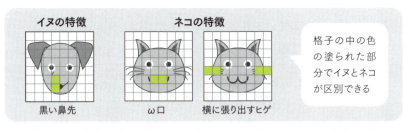

すなわち、画像の中で似たようなポーズをとってくれるなら、次の画素パターンでイヌとネコを区別できるはずです。

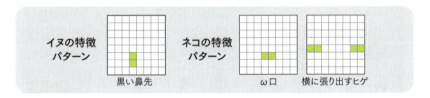

この画素パターンをイヌとネコを識別する**特徴パターン**と呼びます。
(注)特徴パターンは、もっと一般的に*特徴量*と呼ばれます。

特徴パターンだけで画像識別が可能

特徴パターンこそ、ニューラルネットワークが画像を識別する原理になります。実際、少し面立ちの違うイヌとネコを、特徴パターンの有無で識別できることを、次に確かめましょう。

次図は先と異なる画像が読み込まれた場合に、その画像がイヌであると識別されるしくみを表現しています。図で、イヌの特徴パターンである「黒い鼻先」と画像の黒い鼻が一致しています。しかし、ネコの特徴パターンに合致するものはありません。

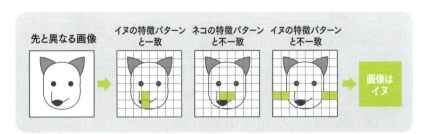

こうして、入力画像はイヌであることが識別されます。単純にいえば、特徴だけ見て判断しているわけです。

次の〔問〕で、このことをもう一度確かめてみてください。

〔問1〕先に示した特徴パターンを利用して、の画像がネコであることを識別してみましょう。

（解）画像はイヌの特徴パターンである「黒い鼻先」とは重なりがありません。それに対して、ネコの特徴パターンの「ω口」と「ヒゲ」には重なります。そこで、入力画像はネコと識別されるのです。

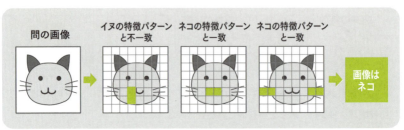

（解終）

3種の層が画像を区別できるしくみ

以上で見たように、特徴パターンの部分だけを調べれば、その画像がイヌかネコかを識別できます。

そこで、隠れ層のニューロンロボットに次図の役割を務めさせてみましょう。

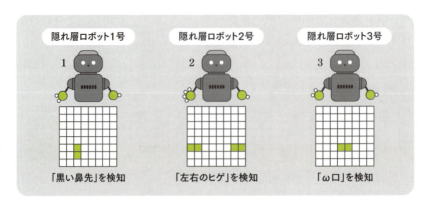

隠れ層の上から1番目のニューロンロボット（略してロボット1号）には、「黒い鼻先」を検知する役割を担わせます。同様に、隠れ層の上から2番目、3番目のニューロンロボット（略してロボット2号、3号）には、「左右のヒゲ」と「ω口」を検知する役割を担わせます。

　役割分担の準備が整ったなら、次のように入力層から出力層までを矢で結んでみましょう。

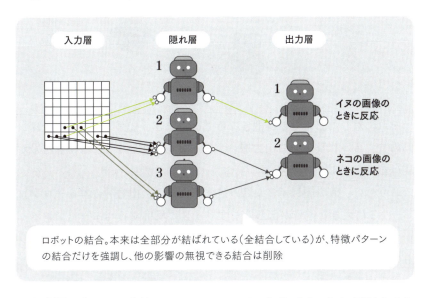

ロボットの結合。本来は全部分が結ばれている（全結合している）が、特徴パターンの結合だけを強調し、他の影響の無視できる結合は削除

　出力層の上から1番目のニューロンロボットは「イヌ」に反応するためのロボットです。そこで、「黒い鼻先」を検知する隠れ層ロボット1号と矢で結んでいます。

　出力層の上から2番目のニューロンロボットは「ネコ」に反応するためのロボットです。そこで、「左右のヒゲ」、「ω口」を検知する隠れ層ロボット2号、3号と矢で結んでいます。

　ちなみに、本来はすべての要素は矢で結ばれているのですが（§3）、図に示す矢以外は細いので無視できると考えています。

　さて、ここに先のイヌの画像を入力層のメモリーに読み込んでみます。すると、次の図に示すように、特徴となる「黒い鼻先」から発せられる信号は、太く描かれた矢を伝わってイヌに反応する出力層のニューロンロボット1に届けられます。

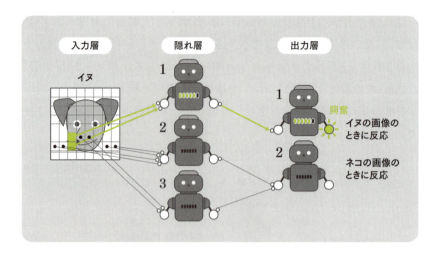

　それに対して、ネコの特徴となる「ω口」と「ヒゲ」からの信号はないので、ネコに反応する出力層のニューロンロボット2には何も信号が届けられません。

　こうして、入力層にイヌが読み込まれたとき、出力層のニューロンロボット1に大きな信号が伝わります。イヌに反応するニューロンロボット1が反応するのです。それに対して、ネコに反応するニューロンロボット2は反応しません。結果として、出力層の2個のニューロンロボットの反応度を調べることで、入力画像がイヌと判断できるのです。

　以上が、「単純なものでも、ネットワークをつくると知能を持つ」という意味です。

　このしくみを、次の〔問〕で再度確かめてください。

〔問2〕「ネコ」の画像が入力層のメモリーに読み込まれたとき、このニューロンロボットのネットワークが「ネコ」と判定するしくみを説明してみましょう。

（解）次のページの図に示すように、「ネコ」の特徴となる「ω口」「ヒゲ」から発せられる信号は、太い矢を伝わって出力層のニューロンロボット2に届きます。それに対して、「イヌ」の特徴となる「黒い鼻先」からの信号はありません。そこで、「イヌ」に反応する出力層のニューロンロボット1には何も信号が届けられません。

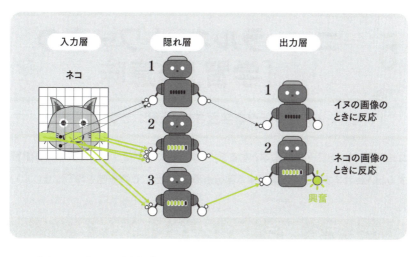

　こうして、ネコに反応するニューロンロボット2は大きな信号を受け取り、反応します。反対に、イヌに反応するニューロンロボット1は反応しません。

　結果として、出力層の2個のニューロンロボットの反応度を調べることで、入力画像がネコと判断できるのです。（解終）

実際のニューラルネットワーク

　実用的なデータに対しては、ニューラルネットワークの隠れ層は多重化されます。さらには構造化されることもあります。そのようなニューラルネットワークを**ディープニューラルネットワーク**（DNN）と呼びます。後に調べる「畳み込みニューラルネットワーク」（Convolutional neural network、略称してCNN）がその代表です。そして、ディープニューラルネットワークによって実現されるAIシステムを**ディープラーニング**と呼んでいます。

ディープラーニングを支えるいろいろなネットワークの包含関係

5 ニューラルネットワークの「学習」の意味

～ネットワークを学習させるとは、どういう意味か

ニューラルネットワークが基本となるディープラーニングは、データから自ら学習するといわれます。1章と重複する部分もありますが、その意味を確認しましょう。

ディープラーニングは自ら「学習」する

前の節（§4）では、ニューロンロボットのネットワークがイヌとネコの画像を識別するしくみを調べました。

ところで、そこで用いた「特徴パターン」は人が与えたものです。また、隣同士を結ぶ矢の太さも、最初から仮定しました。ところで、これらはどうやって決められたのでしょうか。

答えは「データからニューラルネットワーク自ら決める」です。「自ら」とは、人が「ああだ、こうだ」と教えるのではないことを意図しています。大きなデータを用いて、単純な計算であぶり出すのです。人が教えるのは、その単純な計算方法だけです。

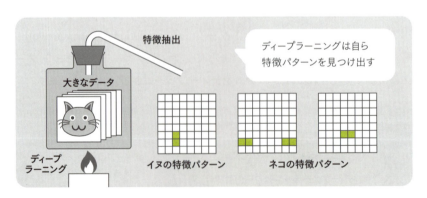

この「自ら決める」という性質を「ディープラーニングは自ら学習する」と表現します。また、特徴パターンをデータからあぶり出すことを

特徴抽出と呼びます（1章§4）。

　20世紀型のAIでは、人がイヌとネコの「特徴」を「ああだ、こうだ」とコンピューターに教え、イヌとネコの区別を行ないました（あまり成功はしませんでしたが！）。ところが、21世紀のディープラーニングはデータから自分で特徴を発見し、抽出するのです。

ディープラーニングの「学習」とは

　再度、ニューロンロボットのネットワークを調べてみます。次の図は、構成要素を結ぶ線の省略をなくし、全結合を忠実に描いています（§3）。

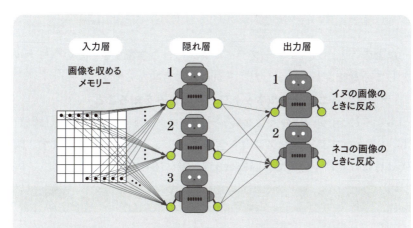

§3の図の再掲。入力層の各画素（8×8＝64個）は隠れ層の各ロボットに矢印を向けている（矢の数は64×3＝192本）。隠れ層の各ロボット（3個）は出力層の各ロボット（2個）に矢印を向けている（矢の数は3×2＝6本）。

　矢で結んだ2者間の関係の強さを表わすのが「重み」です（§1、§2）。「重み」が大きいと、その線につながる相手からの信号を重要視し、小さいと軽く見ることになります。

　さて、前の節（§4）に描いた図（次に再掲）では、関係の強い部分だけを矢で結びました。ということは、「重み」の大きな矢のみを描いたことになります。「重み」の小さい矢は省いたわけです。この図を描けるには、重みの大小を知る必要があるわけです。

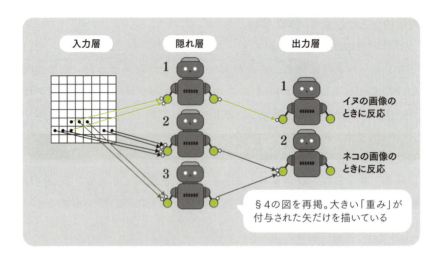

以上のことから「ディープラーニングは自ら学習する」というモデルとしての意味がわかりました。それは次の意味なのです。

「データからニューラルネットワークの重みを知ること」

ちなみに、もう一つの大切なニューロンロボットの特性である「閾値」も、「ディープラーニングは自ら学習する」ことの中に含まれます。閾値は目には見にくいので、詳細は3章以降に任せることにします。

訓練データと正解ラベル

ニューラルネットワークを決定するためのデータは、2種の情報が組となって構成されています。いま調べている例でいうと、イヌ、ネコの「画像」と、それがイヌかネコかを示す「正解」の2種です。

当然ですが、最初の状態では、ネットワークは画像がネコかイヌかは区別できません。そこで、この「正解」情報に頼って、画像がネコかイヌかをニューラルネットワークは理解するわけです。この画像と正解のセットを**訓練データ**（training data）といい、正解部分を**正解ラベル**（略

して「正解」）いうことは、1章で調べました。

(注) 画像データの部分を予測材料といいます（1章§5）。

ディープラーニングは「教師あり学習」が基本

ニューラルネットワークを決定するとき、正解ラベルに合致するような出力が得られるよう、パラメーター（すなわち重みや閾値）を決める必要があります。このようなモデルの決め方をAIの世界では**教師あり学習**（Supervised Learning）と呼びます（1章§5）。

いま調べている例でいうと、正解がイヌの「画像」を入力されたなら、出力層のニューロンロボット1が大きく反応し、ロボット2が反応しないように、ニューロンロボットの「重み」と「閾値」を決定するのが、教師あり学習です。

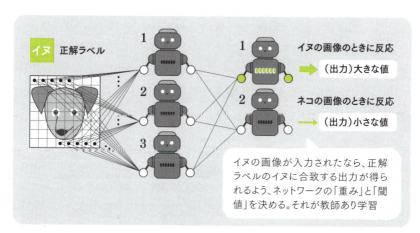

具体的にどのように重みと閾値を決定するかについては、数式表現が必要です。4章で詳しく調べます。

6 絵でわかる畳み込みニューラルネットワーク

～「特徴を動的に探す」というアイデアで
AIの世界に革命をもたらす

ニューラルネットワークの隠れ層に構造を持たせ、複雑な画像を識別しやすくしたネットワークが**畳み込みニューラルネットワーク**（**CNN**）です。そのしくみを調べてみましょう。

工夫のないニューラルネットワークの限界

前の節（§4）では、ニューロンロボットを層状に配置することで、イヌとネコの画像の識別ができることがわかりました。

ところで、そこでは、解像度が小さく、特徴となるポイントの位置が絞りやすい画像だけを考えました。

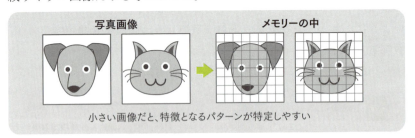

小さい画像だと、特徴となるパターンが特定しやすい

この小さな画像のおかげで、簡単な特徴パターンからイヌとネコの画像を区別できたわけです（§5）。

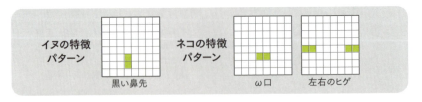

では、大きな画像の中に写るイヌとネコの区別はどうでしょうか。

次の2つの画像を見てください。同じネコですが、異なる位置に写っ

ています。

少し大きな画像の中の同じネコの画像

このとき、たとえば、ネコの特徴パターンである「ω口」の場所が異なります。すると、「ω口」という特徴パターンとして異なるものを用意しなければならなくなります。ニューラルネットワークでは、特徴パターンは固定されているからです。

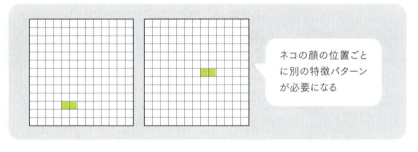

ネコの顔の位置ごとに別の特徴パターンが必要になる

ネコの位置が変わるごとに特徴パターンを用意するのでは、そのニューラルネットワークの計算は困難になってしまいます。

上の図の画像の解像度はたかだか$13 \times 13 = 169$画素です。これくらいでも困難が生じてしまうのですから、いわんや昨今のデジカメ画像（1000万画素が普通）ともなると、特徴抽出は不可能になります。

この不可能を可能にする技法が**畳み込みニューラルネットワーク**（Convolutional Neural Network、略して**CNN**）です。

特徴パターンでスキャン

前の節（§4、§5）で調べた「特徴抽出」というアイデアを、大きな画像にも活かしてみましょう。そのために、ニューラルネットワークの隠れ層で活躍したニューロンロボットに足を付け、動けるにようにし

ます。これを「検知ロボット」と呼ぶことにしましょう。

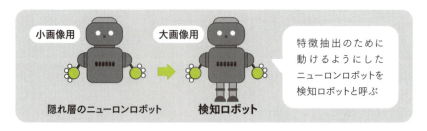

では、この検知ロボットの働きを見てみましょう。例として、先に話題とした「ω口」について調べます。これはネコを識別する特徴パターンです。

まず、この検知ロボットのために、前節で調べた「ω口」の特徴パターンをはめ込んだ格子枠を用意します。

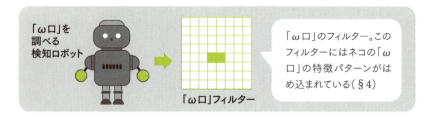

この格子枠を**フィルター**と呼びます。「ω口」の特徴パターンがはめ込まれているので、ここでは「ω口」フィルターと呼ぶことにします。

(注)ここではフィルターが与えられたものとして話を進めます。実際には、このフィルターは計算で確定されます。そのしくみは5章で調べます。

次に、このフィルターを検知ロボットに持たせ、大きな画像の左上から右下に向かって、1マスずつずらしながら移動させてみましょう。そして、フィルターと画像との一致具合を、逐次、表に記録させます。要するに、フィルターをテンプレートにしながら、画像を順に左上から右下に向かってスキャンするわけです。

では、「ω口」フィルターを持った検知ロボットに、実際に大きな画像上を歩いてもらいましょう。左上から右下に向かって順次調べていくと、最初の3つは「ω口」の特徴パターンと画像上の実際の「ω口」は重ならず、ニューロンロボットは「ω口」を見つけられません。結果を、

次のようにテーブルに書き込んでいきます。

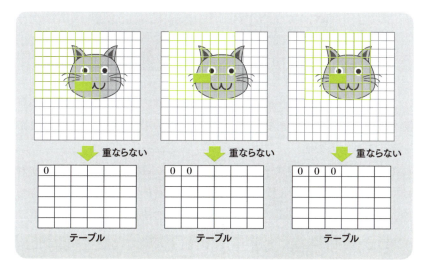

このような操作を**畳み込み**といいます。この畳み込みの操作を繰り返していくと、最初から9番目のステップで「ω口」と特徴パターンが重なり始めます。10番目の操作では、まさに「ω口」と特徴パターンが一致します。これを順に「一致具合」0.5、1と定量化するとしましょう。

(注) 0.5、1という値はイメージ的なもので、厳密ではありません。

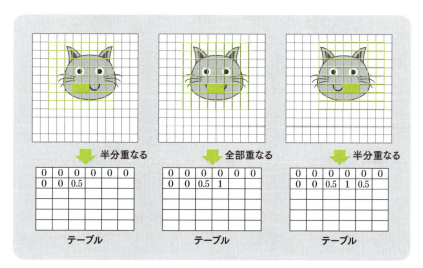

以上の操作を最後まで繰り返すと、次のテーブルが完成します。これ

を「ω口」フィルターの**特徴マップ**といいます。

0	0	0	0	0	0
0	0	0.5	1	0.5	0
0	0	0	0	0	0
0	0	0	0	0	0
0	0	0	0	0	0
0	0	0	0	0	0

完成した「ω口」の特徴マップ

　こうして、コンパクトな「ω口」のフィルターが画像の中のネコの証拠を見つけることができました。大きな画像の中にある「ω口」の痕跡を捉えられたのです。

　このように、フィルターで逐次検索し、「一致具合」の表を作成すれば、小さなフィルター1枚で大きな画像から目的物を探すことができます。これが畳み込みニューラルネットワークの真髄です。

畳み込み層

　「ω口」の例からわかるように、フィルターは対象物を識別する特徴パターンごとに作成されます。

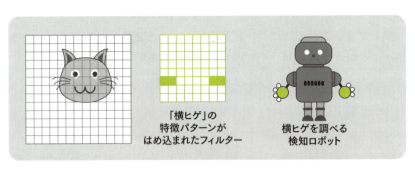

「横ヒゲ」の特徴パターンがはめ込まれたフィルター

横ヒゲを調べる検知ロボット

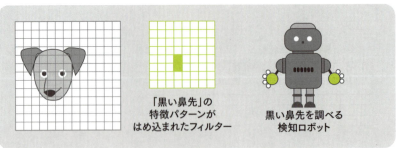

「黒い鼻先」の特徴パターンがはめ込まれたフィルター

黒い鼻先を調べる検知ロボット

　こうして、特徴パターンの個数だけ特徴マップがつくられることにな

ります。この表の集まりを**畳み込み層**と呼びます。

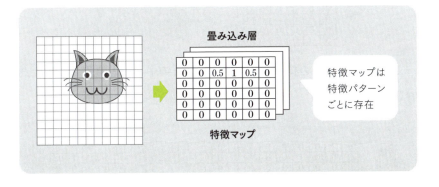

畳み込み層では情報が圧縮される

　いま調べているイヌとネコの識別例について、変数の数を調べましょう。画像の中の画素や、特徴マップの中の欄は自由に数値が変わるので、一つひとつが独立した変数と考えられます。元の画像は13行13列の画素から成り立っているので、変数の数としては次のように169個です。

　変数の数：$13 \times 13 = 169$ 個

　これに対して、畳み込み層における変数の数は、特徴マップが6行×6列＝36個であり、そのマップが3枚なので、次のように求められます。

　畳み込み層の変数の数：$3 \times (6 \times 6) = 108$ 個

　変数の個数は情報の量と考えられるので、情報量は169個から108個に減少したことになります。すなわち、6割近くにも情報が圧縮されたことになります。

　この畳み込み層による情報圧縮の効果は、実際の1000万画素級を有するカメラ画像の処理には絶大な力を発揮します。

プーリング層でさらに情報圧縮

　もう一度、先に求めた「ω口」の特徴マップを見てみましょう。あらためて眺めると、0という同じような情報が並んでいることがわかります。情報を収めるテーブルとしては、もったいない形をしています。

```
0 0 0 0 0 0
0 0 0.5 1 0.5 0
0 0 0 0 0 0
0 0 0 0 0 0
0 0 0 0 0 0
0 0 0 0 0 0
```

> 特徴マップには同じような情報が並んでいる

そこで、2×2個の枠を一まとめにし、その中の最大値でそれを代表させてみましょう。

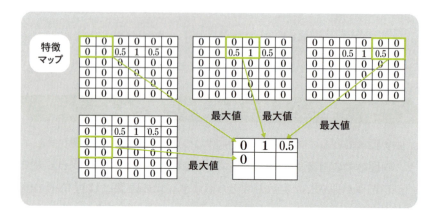

これらの操作をすべての特徴マップに施し、表を完成させてみましょう。こうしてでき上がるのが**プーリングテーブル**です。

```
0 1 0.5
0 0 0
0 0 0
```

> プーリングテーブル。特徴マップの情報を圧縮している

「プーリングテーブル」は「特徴マップ」をさらに情報圧縮したテーブルです。両者を比較すればわかるように、エッセンスを残しながら上手に圧縮していることがわかります。

(注) 最大値を用いて圧縮しましたが、他にもいろいろな方法が編み出されています。平均値を用いて圧縮する方法も有名です。

以上からわかるように、「プーリングテーブル」は「特徴マップ」1枚ごとに作成されます。そこで、「プーリングテーブル」は一つの層を形成します。それを**プーリング層**と呼びます。

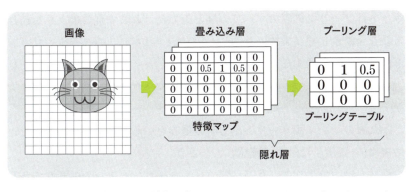

　畳み込み層とプーリング層が合わさって、ニューラルネットワークの隠れ層を形成します。すなわち、畳み込みニューラルネットワークとはニューラルネットワークの隠れ層にこのような構造を持たせたものと考えられるのです。

出力層はプーリング層の情報と全結合

　プーリング層の表（プーリングテーブル）の各欄の値には、画像情報が濃縮されています。これを隠れ層の処理結果と考えます。出力層のニューロンロボットにこの結果を手渡せば、前の節（§5）のニューラルネットワークと同様に、イヌとネコの区別が可能になります。

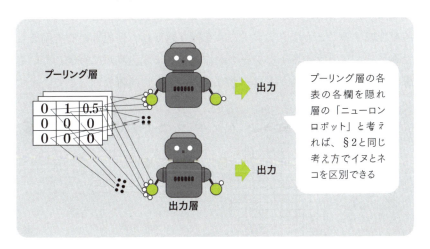

　このように、出力層と隠れ層の関係は、前の節（§5）で調べた単純なニューラルネットワークと同一です。そこで、出力層のニューロンロ

ボットはプーリング層のすべての欄と矢で結ばれます（このような結合方法を**全結合**と呼びます（§3））。この矢1本1本に、ニューロンロボットは「重み」を課すことになります。

隠れ層の閾値

　隠れ層の「フィルター」と出力層の重みを中心に話を進めてきました。最後に、「閾値」について確認しましょう。

　前にも調べたように（§2）、閾値はニューロンロボットの個性であり、「敏感性」を表わします。

　さて、出力層については、前の節（§5）で調べた単純なニューラルネットワークとしくみは同じです。そこで、ニューロンロボットごとに閾値が与えられます。

　隠れ層にも3個の動くニューロンロボット（すなわち検知ロボット）が活躍しています。このロボットにも閾値を与えなければなりません。この閾値は、シャープなフィルターを実現するのに大切になります。

実際の畳み込みニューラルネットワーク

　プーリング層の各表の値は、新たな入力層の情報と読み替えることができます。すると、これを入力層としてさらに畳み込み層、プーリング層を作成することもできます。これを繰り返せば、何段もの層を備えた畳み込みニューラルネットワークが作成されます。実際に稼働している畳み込みニューラルネットワークは、このように複雑な形をしています。

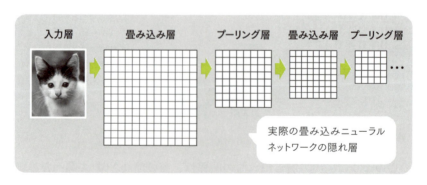

実際の畳み込みニューラルネットワークの隠れ層

7 絵でわかる リカレントニューラルネットワーク

〜ニューラルネットワークに記憶を持たせる技法

ディープラーニングでは「順序に意味のあるデータ」を処理できません。それを克服したのが**リカレントニューラルネットワーク（RNN）**です。

ニューラルネットワークには時間概念がない

これまで例として扱ってきた画像はすべて静止画像です。時間的な概念はどこにも含まれていません。たとえば「ネコ」についていうと、画像の中のネコを識別はできますが、そのネコがどのように動いていくかは、これまでの議論では予測できないのです。

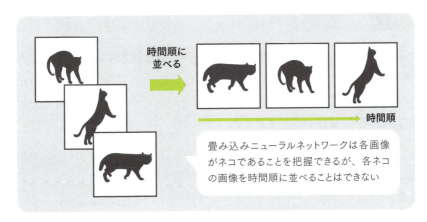

畳み込みニューラルネットワークは各画像がネコであることを把握できるが、各ネコの画像を時間順に並べることはできない

時間的な概念がないということは、簡単にいえば「順序」に意味のあるデータを扱えないということです。また、日常的にいえば、「記憶」を持つデータを扱えないということです。

順序に意味のあるデータを**時系列データ**と呼びます。この節では、この時系列データを扱えるリカレントニューラルネットワーク（略してRNN）について調べましょう。

エコーを聞かせて次を予測

　順序に意味のあるデータを扱うにはさまざまな方法があります。ニューラルネットワークで実現するメリットは、「それを簡単に実現できる」ことです。

　ニューラルネットワークが時系列データを処理するために取り入れた原理は、エコー（すなわち「やまびこ」）を利用することに似ています。山に向かって「ヤッホー」というと、「ヤッホー」というエコーが返ってきます。このエコー情報と、現在の情報をカップリングすることで、過去の情報を現在の情報に取り込み、未来を予測するのです。

前の情報を「エコー」のように取り込めば、現在の情報と組み合わせることで、次の情報を予測できる

　たとえば、3文字の名を持つ身近な動物の名を連想するとしましょう。真中の文字が「ず」とします。すると、「ねずみ」「うずら」「すずめ」など、いろいろあります。真中の文字が「ず」といっても、相手が何を連想しているのか、見当がつきません。

いきなり「2文字目が『ず』の小動物名は？」と問われても、3文字目は予測的できない

　しかし、「先頭文字が『ね』」と知らされれば、いまある情報の「ず」と組み合わせて、

　　「たぶん『ねずみ』だろう」

と予測がつきます。こうして、最後の3文字目「み」が思いつくのです。1文字目「ね」のエコーが、頭の中で2文字目の「ず」とカップリングし、3文字目の「み」を思いつかせることになったのです。

ニューラルネットワークは、このような「エコー」を取り込むのが得意な構造をしています。

ニューラルネットワークはエコーを簡単に拾える

ニューロンロボットを用いて、ニューラルネットワークが「エコー」を簡単に取り込めることを、次の〔問〕で調べてみます。

〔問〕「よ」「い」「し」の3文字からなる言葉を考えます。「良い詩」と入力するために「よい」と入力すると、3文字目「し」が予想されるニューラルネットワークを作成しましょう。

（解）簡単すぎてリカレントニューラルネットワークのありがた味がわからない例ですが、しくみを知るには便利です。

この問に対して、5個のニューロンロボットを用意しましょう。そして、2個を隠れ層に、3個を出力層に配置することにします（次図）。出力層の各ロボットは、上から順に「よ」「い」「し」が入力されたときに反応するものとします。

(注) 隠れ層のロボットの数は、これに限るものではありません。

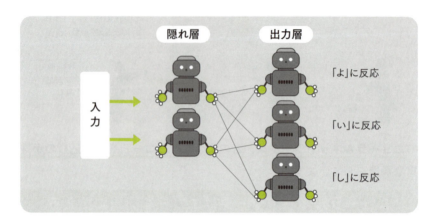

この従来のニューラルネットワークに、「よ」「い」と連続して入力しても、最初の文字「よ」を覚える場所がありません。当然ですが、このニューラルネットワークでは、「よ」「い」と入力しても、最後の3文字目「し」を予想することはできません。

そこで、「エコー装置」C_1、C_2 を隠れ層に取り付けてみましょう。

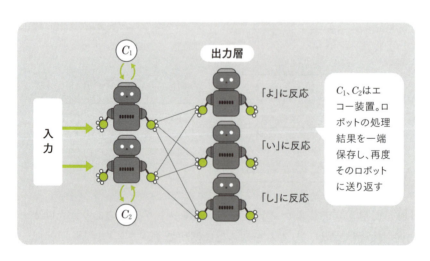

C_1、C_2 はエコー装置。ロボットの処理結果を一端保存し、再度そのロボットに送り返す

新たに取り付けたエコー装置C_1、C_2の動作は単純で、隠れ層のニューロン1、2の出力を山のエコーのように、オウム返しする機能を持ちます。この装置C_1、C_2は、以前の情報を記憶するということで**メモリー**と呼ばれます。また、文脈を知ることができるので**コンテキストノード**とも呼ばれます。この装置を取り付けたニューラルネットワークが**リカレントニューラルネットワーク（RNN）**なのです。

(注) Cはcontextの頭文字。contextは英語の「文脈」の意。

では、この新ニューラルネットワークの働きを調べてみましょう。

最初に、「よいし」（良い詩）の最初の文字「よ」を入力してみます。最初の文字の場合、前のエコーはないので、メモリーC_1、C_2には何も入っていません。

続けて、2文字目「い」を入力してみましょう。すると、メモリーC_1、C_2には前の文字「よ」の情報が記憶されています。3文字目を予測する情報が得られることになるのです。

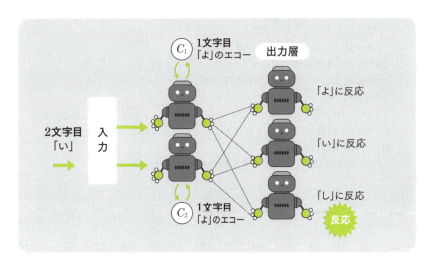

こうして、簡単な**エコー装置（すなわちメモリー）を導入し、適切に重みと閾値を定めることで、ニューラルネットワークは時系列のデータを処理できるようになる**、というわけです。これがリカレントニューラルネットワークの原理です。

(解終)

(注) 具体的にどのようにエコー装置(メモリー)が動作するかについては、6章をご覧ください。

memo 説明可能な AI

　近年、AIはさまざまな分野で活躍しています。最初は「ネコを認識」「将棋や囲碁でプロ棋士を破った」などで大きな注目を集めましたが、近年では自動運転やAIスピーカーなど、次第に身近な分野に、その応用が広がっています。

　何度も言及しているように、AIが飛躍的に進化した背景には、ディープラーニングの開発があります。従来のコンピューターによるAIでは、認識や判断のために着目すべき「特徴量」を人間が指示していました。しかしディープラーニングは、その「特徴量」をコンピューターが自分で見つけ出せるようになったのです。そこで、人が「特徴量」を指定しにくい複雑な問題にも、AIを適用できるようになりました。

　しかし、これは新たな問題を生起しました。ディープラーニングによる認識や判断のプロセスがブラックボックスになってしまったことです。AIの開発者自らが、**AIの出した回答の理由や根拠を説明できない場合がある**のです。説明できなければ、
　「結果を本当に信頼してもよいのか？」
という疑念がわきます。

　この疑念は、たとえば自動運転の分野では大きな問題です。
　「理由はわからないが、事故を起こしてしまった……」
これでは、メーカーとして言い訳ができません。
　また、たとえば医療においてAIが導入されたとき、
　「検査結果のデータから、AIがこう診断した」
と通知されても、人は戸惑うだけでしょう。

　そこで、AIの出した結論に対して根拠を示そうという研究が進められています。それが「**説明可能なAI**」と呼ばれる研究です。英語で **XAI**（Explainable AI）と略されています。

　4章、5章では、その一端が見える工夫をしています。

3章

ディープラーニングのための準備

2章では、グラフィカルにニューラルネットワークの動作のしくみを調べました。これからは、数式を用いて動作のしくみを調べます。本章ではその準備をします。

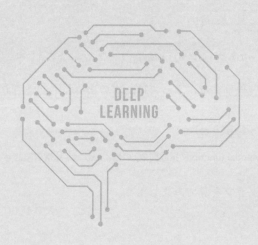

1 シグモイド関数

~ニューラルネットワークの基本となる関数~

ニューラルネットワークはシグモイド関数のおかげで長足の進歩を遂げました。その定義と特徴を調べてみましょう。

指数関数とネイピア数

最初に**指数関数**を調べます。指数関数とは次のような関数です。

$y = a^x$　（aは正の定数で$a \neq 1$）

定数aは指数関数の**底**と呼ばれます。その底の値として特別に大切なのが**ネイピア数**eです。eは「自然対数の底」とも呼ばれ、次の値で近似されます。

$e = 2.71828\cdots$　（「鮒一鉢二鉢」と覚えるのが有名）

シグモイド関数

eを底にした指数関数を分母に持つ次の関数を**シグモイド関数**と呼びます。通常、記号で$\sigma(x)$と表わされます。

$$\sigma(x) = \frac{1}{1+e^{-x}} \cdots (2)$$

(注) σはギリシャ文字で「シグマ」と読み、アルファベットのsに相当します。

シグモイド関数は文献によっては、次のようにも記述されます。

$$\sigma(x) = \frac{1}{1+\exp(-x)}$$

(注) exp は exponential function（指数関数）の略。$\exp(x)$は指数関数e^xを表わします。

この関数のグラフを見てみましょう。

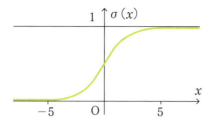

シグモイド関数のグラフ

　グラフからわかるように、この関数は滑らかで、どこでも微分が可能です。また、関数値は0と1の間に収まります。関数の値に割合や確率の解釈を施すことができるのです。

　さらに、単調増加という性質があります。xが大きくなると、関数値$\sigma(x)$も大きくなるという性質があるのです。xの値を評価する際に、この性質は大変便利です。

シグモイド関数の微分

　シグモイド関数がニューラルネットワークでよく利用される理由の一つに、「微分が簡単」という性質があります。付録Gで調べるように、次の特性があるのです。

$$\sigma'(x) = \sigma(x)\{1 - \sigma(x)\}$$

　一般的にコンピューターは微分が苦手です。このように、導関数$\sigma'(x)$を関数$\sigma(x)$から簡単に算出できるのは、大変ありがたい性質です。

memo　シグモイド関数の名称の由来

　先に注釈したように、σはギリシャ文字で「シグマ」と読みます。アルファベット文字のsに相当します。シグモイド関数を表わすのに記号でσが利用されるのは、そのグラフがアルファベット文字のsに似ているからです。
　ちなみに、接尾語の「イド」は「似ている」を意味します。アンドロイドは「人に似ている」の意味です。セルロイドも、植物の細胞（セル）から生まれたことを表わす名称です。

2 データ分析におけるモデルとパラメーター

～データ分析の世界では、モデルとパラメーターの区別が大切

ニューロンの重みと閾値を「ニューラルネットワーク」モデルのパラメーターといいます。この「パラメーター」の意味について調べます。

変数とパラメーター

これからの話では、さまざまな変数が用いられます。AIの議論、一般的にはデータ分析の議論では、その変数に2種のタイプがあります。一つは、データによって値が変わる変数です。もう一つはモデルを決定する変数です。後者の変数を**パラメーター**と呼びます。次の簡単な〔問1〕を見てみましょう。

〔問1〕直線 l が $y = ax + b$（a、b は定数）で表わされるとします。この直線 l が原点（0, 0）と点（1, 1）を通るとします。このとき、a、b の値を求め、直線を決定しましょう。

（解）この問では、x、y がデータの入る変数です。そのデータとは原点 (0, 0) と点 (1, 1) のことです。

点 (0, 0) を通る：$(x, y) = (0, 0)$
点 (1, 1) を通る：$(x, y) = (1, 1)$

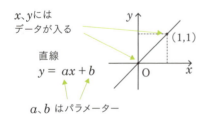

直線 $y = ax + b$（a、b は定数）というとき、x、y と a、b の意味は大きく異なる

それに対して、a、b が「直線」というモデルを決定する変数です。

この a、b が直線を決定する「パラメーター」と呼ばれます。

ちなみに、この問の答は $y = x$ 。 (解終)

モデルを決める際にパラメーターは変数となる

パラメーターは、データを議論しているときには「定数」です。しかし、モデルを決定する際には「変数」になることがあります。この変身の意味を、次の有名な〔問2〕で確認しましょう。この〔問2〕では、モデルは「2次関数」であり、x が「データを入れる変数」、θ が「パラメーター」の役割を演じると考えられます。

〔問2〕 x についての2次関数 $y = 2x^2 - 4\theta x + 4\theta$（$\theta$ は定数）について、次の問に応えましょう。
(1) この2次関数の最小値 m を θ の式で表わしましょう。
(2) 関数の最小値 m が最大になるときの θ の値を求めましょう。

(解) (1) $y = 2x^2 - 4\theta x + 4\theta = 2(x - \theta)^2 - 2\theta^2 + 4\theta$
なので、$x = \theta$ のとき、2次関数の最小値 $m = -2\theta^2 + 4\theta$
(2) (1)から $m = -2\theta^2 + 4\theta = -2(\theta - 1)^2 + 2$ より、
m を最大にする θ は、$\theta = 1$

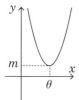

(1) の解の意味

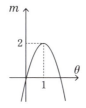

(2) の解の意味

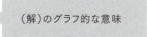

(解)のグラフ的な意味

(解終)

実をいうと、ニューラルネットワークを決定する操作は、この〔問2〕の解と同様のステップを追うことになります。〔問〕の x には「画像」が、〔問〕の θ には「重み」と「閾値」が対応することになります。

ニューラルネットワークの記述には、たくさんの変数が現れます。どれが「データを入れる変数」で、どれがニューラルネットワークを定める「パラメーター」なのか、しっかり意識しておくことが重要です。

3 理論と実際の誤差

~理論値と実測値の誤差を表わす指標として「平方誤差」が標準的

AIの理論、もっと一般的には、データ分析の理論において、理論値と実測値にはズレがあるのが普通です。そして、そのズレ、すなわち誤差が小さいほど、理論が正しいと評価されます。ここでは、その誤差をどのように評価するか、調べましょう。

誤差の評価

あるデータを予測する理論があり、仮にそれが3つの理論値3.2、3.9、5.1を算出したとします。一方、データとなる実測値は順に3、4、5であったとします。このとき、理論値と実測値との誤差をどう定義すべきでしょうか。

通常は、まず実測値と理論値の差を計算するでしょう。

（差）$3-3.2$、$4-3.9$、$5-5.1$、すなわち-0.2、0.1、-0.1

しかし、3つ並べられても、評価しづらいはずです。そこで、これを一つにまとめてみましょう。

まとめ方はいろいろです。その代表が、平方和を計算することです。

$$(3-3.2)^2 + (4-3.9)^2 + (5-5.1)^2 = (-0.2)^2 + 0.1^2 + (-0.1)^2 = 0.06$$

この例のように、理論値と実測値の組が複数あるとき、各組の差を平方して加えた値を**平方誤差**と呼びます。多くのデータ分析の理論では、この平方誤差が標準的な誤差の尺度として利用されます。

平方誤差は、次の点で便利です。

・解釈がしやすい
・計算がしやすい

本書でも、理論とデータとの誤差の評価には、この平方誤差を利用しています。

平方誤差の意味を次の〔問〕で確認しましょう。

〔問〕3人の数学と理科の成績が右の表のように得られています。理科の点 y が数学の点 x から次の関係で説明できると仮定します。
$y = px + q$（p、q は定数）… (1)
理論値と実測値との平方誤差が最小になるように、定数 p、q を決定しましょう。

番号	数学 x	理科 y
1	3	2
2	5	3
3	4	3

（解）k 番目の生徒の数学と理科の成績を順に x_k、y_k とします（$k = 1$、2、3）。すると、数学から得られる理科の成績の理論値は式(1)から $px_k + q$ と表わされます。これから、理科の実際の成績 y_k と、理論値 $px_k + q$ との差は次のように表わせます。

$y_k - (px_k + q)$ … (2)

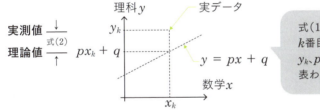

式(1)、(2)の意味。k 番目の生徒の x_k、y_k、$px_k + q$ の関係を表わす

データを代入すると、差(2) は次の表で示されます。

番号	数学 x	理科 y	理論値	差
1	3	2	$3p + q$	$2 - (3p + q)$
2	5	3	$5p + q$	$3 - (5p + q)$
3	4	3	$4p + q$	$3 - (4p + q)$

この表から、平方誤差が求められます。それを E と表わして、
$E = \{2 - (3p + q)\}^2 + \{3 - (5p + q)\}^2 + \{3 - (4p + q)\}^2$ … (3)
展開し整理してみましょう。次のように変形されます。
$E = \dfrac{1}{50}\{(50p + 12q - 33)^2 + 6(q - \dfrac{2}{3})^2 + \dfrac{25}{3}\}$
これを最小にする p、q は次の場合です。

$50p + 12q - 33 = 0$、$q - \dfrac{2}{3} = 0$

方程式を解いて、$p = \dfrac{1}{2}$, $q = \dfrac{2}{3}$ （解終）

この問の解をグラフに示しましょう。

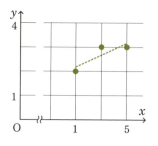

方程式(1)が表わす直線

　直線の式（1）は、データを表わす3点すべてを通ることはできません。そこで、すべては通らなくても、3点をできるだけかすめるように、この解p、qは決定されたのです。それが、平方誤差（3）を最小にするp、qの意味です。

　数学的に考えてみましょう。データは3つあります。それに対して、それを表わす直線モデルの式（1）のパラメーターはp、qの2つです。一般的に3つを2つで表現することは不可能です。そこで、平方誤差（3）を最小にするように式（1）のp、qを決定しようとするのが、〔問〕の解答なのです。

　ちなみに、このような手法で、データを直線で近似しようとする分析法を **回帰分析** といいます。

最適化とは誤差の最小化

　〔問〕において、「直線」という数学モデルを定めるパラメーターp、qは平方誤差（3）を最小化するように決定されました。データ分析の世界では、この平方誤差を **目的関数**（objective function）と呼びます。そして、目的関数を最小化し、モデルのパラメーターを決定することを **最適化**（optimization）と呼びます。

後に調べることですが、ニューラルネットワークの「学習」も、数学的には最適化です。

ニューラルネットワークのパラメーターは「重み」と「閾値」です。重みと閾値から算出されるニューラルネットワークの理論値と訓練データの正解ラベルとの平方誤差が目的関数となります。この目的関数を最小化することで、ニューラルネットワークが決定されるのです。

> **memo 微分を用いて p、q を決定**
>
> この〔問〕において、通常は、p、q を決定するのに微分法を利用します。平方誤差 E が最小となるとき、式（3）から次の関係が導出できるからです。
>
> $$\frac{\partial E}{\partial p} = -6\{2-(3p+q)\} - 10\{3-(5p+q)\} - 8\{3-(4p+q)\} = 0$$
>
> $$\frac{\partial E}{\partial q} = -2\{2-(3p+q)\} - 2\{3-(5p+q)\} - \{3-(4p+q)\} = 0$$
>
> この連立方程式を解くことで、〔問〕の解答が得られます。
>
> なお、上の式には高校では習わない偏微分を用いています。不明の際には付録Gをご覧ください。

memo 多変数関数

高校数学では、原則として関数は独立変数が1つの1変数関数です。
(例1) 1次関数 $y = ax + b$（a、b は定数、$a \neq 0$）は、x を独立変数、y を従属変数とする1変数関数です。

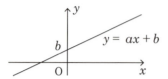

1次関数 $y = ax + b$ のグラフ。直線を表わす

それに対して、独立変数が複数ある関数を**多変数関数**といいます。

(例2) $y = ax_1 + bx_2 + c$（a、b、c は定数、$a \neq 0$、$b \neq 0$）は、x_1、x_2 を独立変数、y を従属変数とする2変数関数です。

ディープラーニングで扱う関数の多くは多変数関数です。

多変数関数は高校数学では扱いません。そこで、難しく感じるかもしれませんが、心配は無用です。ディープラーニングに現れる関数のほとんどは簡単な関数だからです。

たとえば、次章で調べることですが、脳の神経細胞の出力は、シグモイド関数 σ を利用して、次のようにモデル化されます。x_1、x_2、x_3 を変数として、
$z = \sigma(w_1 x_1 + w_2 x_2 + w_3 x_3 - \theta)$ （w_1、w_2、w_3、θ は定数）

これは、一見、難しそうな多変数関数ですが、次のように置き換えることで1変数関数と同様に考えられるようになります。
$z = \sigma(s)$ 　　（ここで、$s = w_1 x_1 + w_2 x_2 + w_3 x_3 - \theta$）

4章
ニューラルネットワークのしくみがわかる

2章では、絵本的にニューラルネットワークの動作のしくみを調べました。
本章では、数式表現を用いて、そのしくみを調べます。
より深くニューラルネットワークのしくみが見えてくるでしょう。

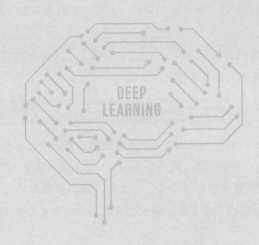

1 ニューロンの働きを数式で表現

～ニューロンを数学モデルで表現する

2章§1では、脳の神経細胞（ニューロン）の働きを調べました。そのニューロンの働きを、抽象化して数式で表現してみましょう。大切なことは、「その働きが簡単な数式で記述できる」ということです。

ニューロンの働きをまとめると

前の章では、脳の神経細胞（すなわちニューロン）のしくみを簡単に調べました。それを整理してみましょう（2章§1）。

> （ⅰ）ニューロンからニューロンへの信号は一方通行の矢で表わせる。
> （ⅱ）他の複数のニューロンから来る信号は、重み付きの和としてまとめて受け取る。
> （ⅲ）この和がニューロン固有の値(閾値)を超えると「発火」し、その信号を他のニューロンに伝える。閾値を超えなければ、それを無視する。
> （ⅳ）発火の信号は、ニューロンによらず一定の大きさである。

このように整理すると、ニューロンの発火のしくみを数学的に簡単に表現できることがわかります。

入力と出力の信号の数式表現

最初に、ニューロンへの入力を数式で表現してみましょう。

しくみ（ⅲ）、（ⅳ）から、隣のニューロンから受け取る入力は「有り」「無し」の2値情報で表わせます。そこで、隣の単体のニューロンからの入力を変数 x で表わすとき、発火信号の大きさを1とする単位を用い

て、それは次のように表現できることになります。

$$\begin{cases} 入力無し：x = 0 \\ 入力有り：x = 1 \end{cases}$$

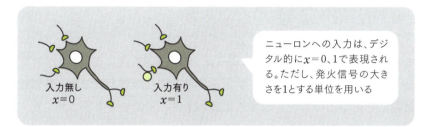

(注)感覚細胞(たとえば視細胞)から直接ニューロンへ伝わる信号は、この限りではありません。感覚の強弱を反映するアナログ信号がニューロンに伝わります。

次にニューロンからの出力を数式で表現してみましょう。

再びしくみ（ⅲ）、（ⅳ）から、出力も発火の「有り」「無し」の2値情報で表わせます。そこで、出力を変数 y で表わすとき、発火信号の大きさを1とする単位を用いて、y は次のように表現できます。

$$\begin{cases} 出力無し：y = 0 \\ 出力有り：y = 1 \end{cases}$$

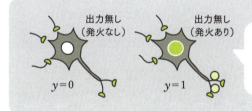

ニューロンの働きを条件式で表現

ニューロンの主要な機能である「発火の有無の判定」を条件の式で表現してみましょう。

具体例として、左隣の3個のニューロンから信号を受け取り、右隣の2個のニューロンに信号を渡すニューロンについて調べます（次図）。

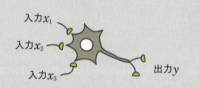

以下で調べる具体的なニューロンの形。3つの入力を x_1、x_2、x_3、2つの共通する出力を y としている

　しくみ（ii）、（iii）から、ニューロンの発火の有無は他のニューロンからの入力の和で判定されます。その和の取り方が大切です。各信号に軽重を付けるのです。数学的に表わすと、入力を各々 x_1、x_2、x_3 で表わし、その各々に付く重みを順に w_1、w_2、w_3 とするとき、処理される入力の和は次のように表現できます。これを**重み付きの和**と呼ぶことにします。

$$\text{重み付きの和} = w_1 x_1 + w_2 x_2 + w_3 x_3 \quad \cdots (1)$$

（注）「重み」は**結合荷重**、**結合負荷**とも呼ばれます。w は weight の頭文字。

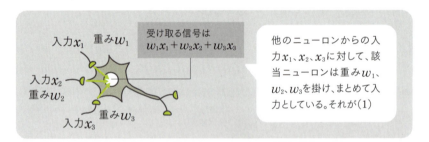

他のニューロンからの入力 x_1、x_2、x_3 に対して、該当ニューロンは重み w_1、w_2、w_3 を掛け、まとめて入力としている。それが(1)

　さて、しくみ（iii）から、受け取る信号和が閾値を超えるとニューロンは発火します。超えなければ発火しません。すると、「発火の判定」は式（1）を利用して、次のように表現できます。θ をそのニューロンの閾値として、

$$\left. \begin{array}{l} \text{発火なし } (y=0): w_1 x_1 + w_2 x_2 + w_3 x_3 < \theta \\ \text{発火あり } (y=1): w_1 x_1 + w_2 x_2 + w_3 x_3 \geq \theta \end{array} \right\} \cdots (2)$$

（注）「閾」は英語で threshold。そこで、この値を示すのに頭文字 t に対応するギリシャ文字 θ がよく利用されます。

この式（2）がニューロン発火の条件式となります。

式（2）は大変シンプルです。こんな簡単な条件式でその活動が表現されるニューロンが、どうして「知能」を持てるのか本当に不思議です。その解明には、もう少し準備が必要です。

次の〔例題〕で、ニューロンのしくみ（2）を確認しましょう。

〔例題〕2つの入力 x_1、x_2 を持つニューロンを考えます。入力 x_1、x_2 に対する重みを順に w_1、w_2 とし、そのニューロンの閾値を θ とします。

いま、w_1、w_2、θ の値が順に 2、3、4 と与えられたとき、重み付きの和
$$w_1 x_1 + w_2 x_2$$
の値と、ニューロンの発火の有無、そしてニューロンの出力を求めましょう。

（解）答を表にすると、次のようにまとめられます。

入力 x_1	入力 x_2	重み付きの和 $w_1 x_1 + w_2 x_2$	発火	出力
0	0	$2 \times 0 + 3 \times 0 = 0 (< 4)$	無し	0
0	1	$2 \times 0 + 3 \times 1 = 3 (< 4)$	無し	0
1	0	$2 \times 1 + 3 \times 0 = 2 (< 4)$	無し	0
1	1	$2 \times 1 + 3 \times 1 = 5 (> 4)$	有り	1

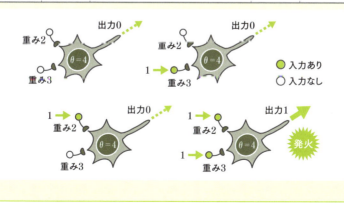

2 ユニットと活性化関数

～人工的なニューロン、すなわちユニットがディープラーニングの基本

前の節（§1）では、ニューロン（神経細胞）の働きを条件式で表現しました。その条件式を関数で表現すると、ニューロンの働きが整理されます。そして、シグモイドニューロンへと進化します。

ニューロンの働きを数式で表現

前節（§1）の式（2）では、ニューロンの「発火」を簡単な条件式に表わしました（下記再掲）。ニューロンへの入力を x_1、x_2、x_3 とし、それらに対する重みを順に w_1、w_2、w_3 とするとき、発火の条件式は次のように表わせることを調べたのです。

$$\left.\begin{array}{l}発火なし\ (y=0): w_1x_1 + w_2x_2 + w_3x_3 < \theta \\ 発火あり\ (y=1): w_1x_1 + w_2x_2 + w_3x_3 \geq \theta\end{array}\right\} \cdots (1)$$

ここで y はニューロンの出力を、θ はそのニューロンの閾値です。

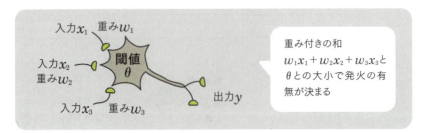

発火の条件を関数で表現

発火の条件式（1）を関数で表現してみましょう。
最初に、**単位ステップ関数**と呼ばれる次の関数を導入します。

$$u(t) = \begin{cases} 0 & (t < 0) \\ 1 & (t \geq 0) \end{cases} \quad \cdots (2)$$

単位ステップ関数（2）のグラフは次のようになります。

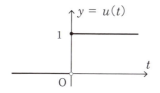

単位ステップ関数 $y = u(t)$ のグラフ

ところで、発火の条件式（1）を次のように書き換えてみましょう。

$$\left.\begin{array}{l}\text{発火なし}\ (y = 0): s = w_1 x_1 + w_2 x_2 + w_3 x_3 - \theta < 0 \\ \text{発火あり}\ (y = 1): s = w_1 x_1 + w_2 x_2 + w_3 x_3 - \theta \geq 0\end{array}\right\} \cdots (3)$$

図示すると、次のようになります。

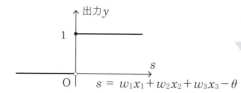

条件式（3）を図示。上の単位ステップ関数のグラフと一致する

明らかに単位ステップ関数のグラフと一致しています。すなわち、単位ステップ関数 $u(t)$ を利用すると、発火の条件（1）は次のように簡単に一つの式で表現できるのです。こうして、**発火の条件式が関数で表現されました**。

$$s = w_1 x_1 + w_2 x_2 + w_3 x_3 - \theta \text{ のとき発火の式は } y = u(s) \quad \cdots (4)$$

人工ニューロン

ニューロンの働きは、式（4）に示すように、一つの簡単な関数式で表わされることがわかりました。すると、このように単純化されたニューロンをコンピューター上で実現してみたくなります。それが**形式ニュー**

ロンです。形式ニューロンとは、式（4）を用いてコンピューター上で動作する仮想的なニューロンなのです。

ニューロンを抽象化したユニット

これまで、ニューロンを次図のように表現してきました。少しでもニューロンのイメージに近づけたかったためです。

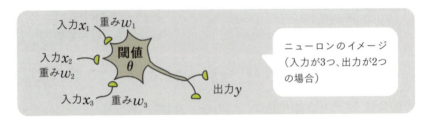

ニューロンのイメージ（入力が3つ、出力が2つの場合）

しかし、たくさん描きたいときには、この図は不向きです。クニャクニャしていて見にくいからです。そこで、これからは次のように「○」で簡略化した図を用います。

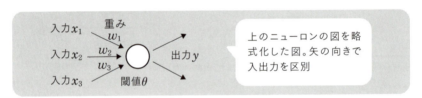

上のニューロンの図を略式化した図。矢の向きで入出力を区別

中央の○はニューロンの本体を表わします。その○に向けられた矢はニューロンへの入力を表わし、矢先の近くに記入された値は「重み」を表わします。また、○から出る矢は出力を表わします。閾値は本体○の傍らに記入します。

さらに、ニューロンの働きを表現する式（4）も一般化します。

$$s = w_1 x_1 + w_2 x_2 + w_3 x_3 - \theta \text{ のとき発火の式は } y = a(s) \cdots (5)$$

ここで、関数 a を**活性化関数**（activation function）と呼びます。単位ステップ関数を一般化したのです。本書では、シグモイド関数（次節）を前提として話を進めます。

(注) 活性化関数は**伝達関数**(transfer function)とも呼ばれます。

式（4）で用いられる単位ステップ関数（2）は不連続で扱いにくいという欠点があります。そこで、その関数（2）を「活性化関数」として一般化し、微分できる関数に代替できるようにしたのです。

式（5）の中の s（活性化関数 $a(s)$ の引数）を、これからはニューロンの**入力の線形和**と呼びます。

(注)「入力の線形和」に文字 s を利用するのは、「和」の英語が sum だからです。

ちなみに、式（5）で閾値 θ を削った和を「重み付きの和」と呼びました（§1）。

式（5）で表わされる抽象化したニューロンを、これからは**ユニット**と呼びます。ニューラルネットワークの基本的な単位（unit）になるからです。

(注)ユニットのことを**ノード**とも呼びます。ネットワークの節(node)になるからです。

このように、ニューロンの働きを活性化関数として一般化したことが、現代の人工知能ブームの出発点となります。

---

memo パーセプトロン

　式（4）のように抽象化された人工知能を利用し、何らかの人工知能（AI）を実現しようとする試みが、20世紀中頃に行なわれました。**パーセプトロン**と呼ばれる人工知能モデルです。

　結果としては成功が得られませんでした。大きな理由の一つとして、ステップ関数（2）が扱いにくいことが挙げられます。グラフからわかるように、それは不連続関数です。不連続関数は数学の最大の武器の一つである微分法の恩恵を受けにくいからです。

　このステップ関数を微分しやすい活性化関数に置き換えると、人工ニューロンはコンピューターで大変計算がしやすくなりました。

　さらに、ニューラルネットワークを多層化し、「単純なパーセプトロンは一部の論理を表現できない」という欠陥を克服しました。こうして、ディープラーニングは飛躍的な発展を遂げることになります。

(注)パーセプトロンについて、これ以上の言及は避けます。歴史的には大切ですが、現代のディープラーニングの理解には不要だからです。

5章 畳み込みニューラルネットワークのしくみがわかる

6章 リカレントニューラルネットワークのしくみがわかる

7章 誤差逆伝播法のしくみがわかる

付録

101

3 シグモイドニューロン

~活性化関数にシグモイド関数を利用したのがシグモイドニューロン

ニューラルネットワークの基本となる「シグモイドニューロン」について調べます。前の節（§2）の式(5)において、活性化関数 a にシグモイド関数 σ を利用したユニットです。

シグモイド関数

　単位ステップ関数（§2式(2)）を用いた人工ニューロンの長所は、「脳の神経細胞に忠実なモデル」ということです。しかし、単位ステップ関数は滑らかでないという欠点があります。人類の発明した最大の数学の武器の一つである微分法のアイデアが使えないのです。

　そこで、このステップ関数に似た、しかも滑らかな関数を考えましょう。それが**シグモイド関数**です。次のように定義されます（3章§1）。

$$\sigma(x) = \frac{1}{1+e^{-x}} \cdots (1)$$

関数（1）の関数のグラフを見てみましょう。

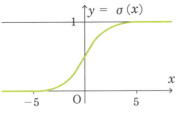

シグモイド関数のグラフ。ステップ関数に似ているが、滑らかで数学的に扱いやすい

どこも滑らかであり、これならば普通に微分法が適用できます。さらに、グラフからわかるように、シグモイド関数はステップ関数に似ています。ユニットの振る舞いが、実際の神経細胞（ニューロン）と似せて解釈できるのです。

シグモイドニューロン

活性化関数としてシグモイド関数（1）を利用したユニットを**シグモイドニューロン**といいます。このシグモイドニューロンは本書の中心的なユニットになります。今後、何も注釈を付けないとき、「ユニット」といえばこのシグモイドニューロンを指します。そこで、その働きをここでまとめておきましょう。

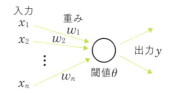

入力 x_1、x_2、$\cdots$、x_n（n は自然数）を考え、各入力に重み w_1、w_2、$\cdots$、w_n が与えられるとする。閾値を θ とするとき、シグモイドニューロンの出力 y は

$$y = \sigma(s) \quad \cdots (2)$$

ここで、σ はシグモイド関数であり、s は「**入力の線形和**」と呼ばれ、次のように定義される。

$$s = w_1 x_1 + w_2 x_2 + \cdots + w_n x_n - \theta \quad \cdots (3)$$

シグモイドニューロンの出力は0と1の間

シグモイド関数（1）のグラフを見ればわかるように、シグモイドニューロンの出力は0と1の間の任意の数になります。このことが先に調べた形式ニューロンの式（§2式（4））と大きく異なる点です。

脳のニューロンの出力は「発火の有無」（すなわち0、1の2値）でした。それに対してシグモイドニューロンの場合、0と1の間の任意の数を出力します。「発火」という実際の脳の働きとはかけ離れているのです。そこで、シグモイドニューロンの出力には、生物的な解釈を与えることができません。シグモイドニューロンの出力は現実のニューロン（神経細胞）とは大きく異なるのです。

しかし、これからニューラルネットワークの出力を読み解く際に、ユニット出力として何らかの解釈が求められます。そこで、敢えて生物的

に意味づけすれば、出力はニューロンの「反応度」を表わすといえます。もっと卑近な例でいえば、「興奮度」ともいえます。出力が0近くならば反応（または興奮）が弱く、1ならば強く反応（興奮）している状態を表わすと捉えられるのです。

(注) 2章のニューロンロボットでも、このことに触れました。

シグモイドニューロンの出力はニューロンの「反応度」、「興奮度」と解釈できる

また、出力が0と1の間ということは、数学的に見れば「確率」や「割合」「度合い」と解釈できます。この解釈は、ニューラルネットワークの出力結果を評価しやすくしてくれます。

〔問〕右の図はシグモイドニューロンです。図に示すように、入力 x_1 の重み w_1 は2、入力 x_2 の重み w_2 は3とします。また、閾値は1とします。このとき、入力が下記表で与えられているとき、重み付き入力 s、出力 y を求めましょう。

入力 x_1	入力 x_2	重み付き入力 s	出力 y
0.2	0.1		
0.6	0.5		

(解) 次の表のように求められます（(1) の e は $e = 2.7$ として計算）。

入力 x_1	入力 x_2	重み付き入力 s	出力 y
0.2	0.1	$2 \times 0.2 + 3 \times 0.1 - 1 = -0.3$	0.43
0.6	0.5	$2 \times 0.6 + 3 \times 0.5 - 1 = 1.7$	0.85

(解終)

memo 閾値とバイアス

「入力の線形和」の式（3）を見てください。

$$s = w_1 x_1 + w_2 x_2 + \cdots + w_n x_n - \theta \quad \cdots (3)（再掲）$$

ここで θ は「閾値」と呼ばれ、生物的にはニューロンの個性を表現する値です。直感的にいえば、θ が大きければ興奮しにくく（すなわち鈍感）、小さければ興奮しやすい（すなわち敏感）という敏感度を表わします。

ところで、θ だけマイナス記号が付いていて、式（3）は形として美しくありません。美しさが欠けることは数学が嫌うところです。また、マイナスは計算ミスを誘発しやすいという欠点を持ちます。そこで、$-\theta$ を b と置き換えましょう。

$$s = w_1 x_1 + w_2 x_2 + \cdots + w_n x_n + b \quad \cdots (4)$$

こうすれば式として美しく、計算ミスも起こりにくくなります。このように導入した b を**バイアス**（bias）と呼びます。

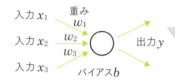

3つの入力の例。入力 x_1、x_2、x_3、それらに対する重み w_1、w_2、w_3、バイアス b から、入力の線形和 s は次の形になる
$s = w_1 x_1 + w_2 x_2 + w_3 x_3 + b$

生物的には重み w_1、w_2、$\cdots$、w_n、閾値 θ（$=-b$）は負の数にはなりません。自然現象で負の数は実質的に現れることはないからです。しかし、ニューロンを一般化したユニットでは、負の数も許されるのが普通です。このとき、変数に付く符号が統一された式（4）は、取り扱いが容易になります。

4 ニューラルネットワークの具体例

~具体例で考えると、ニューラルネットワークのしくみの理解は容易

これまでは、単体のユニットの働きを数式で表現しました。本節では、それらが組み合わされたネットワークについて、具体例を提示しましょう。

具体例で考える

ディープラーニングの議論は、一般的に話を進めると複雑になります。そこで、具体例を用いて、その考え方を調べていきましょう。

具体例として、次の〔課題 I〕を取り上げることにします。

〔課題 I〕5×4画素の白黒2値画像として読み取った手書きアルファベット文字「A」「P」「L」「E」を識別するニューラルネットワークを作成しましょう。正解ラベル付きの128枚の文字画像を訓練データとします。活性化関数はシグモイド関数を利用します。

（注）A、P、L、E は APPLE（リンゴ）から採用しました。この4文字は形の違いが大きく、簡単なニューラルネットワークで識別可能です。訓練データは付録Aで全体を示しました。

5×4画素の白黒2値画像として読み取った「A」「P」「L」「E」の手書きアルファベット文字として、次のようなものが例として挙げられます。

手書きのA　　手書きのP　　手書きのL　　手書きのE

この図において、網のかかった部分は1、空白部は0に対応します。
　この課題に対するニューラルネットワークとしては、次の形を採用することにします。

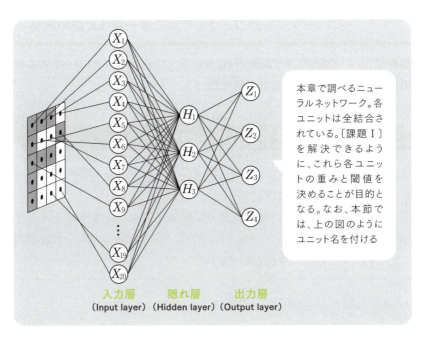

本章で調べるニューラルネットワーク。各ユニットは全結合されている。〔課題Ⅰ〕を解決できるように、これら各ユニットの重みと閾値を決めることが目的となる。なお、本節では、上の図のようにユニット名を付ける

入力層　　　隠れ層　　　出力層
(Input layer) (Hidden layer) (Output layer)

　図に示すように、ディープラーニングで用いるニューラルネットワークは3種の層、すなわち「入力層、隠れ層、出力層」から構成されるのが基本です。
　もちろん、この課題に対するニューラルネットワークは、この形に限ったものではありません。データの単純さと識別文字が4文字ということから、「これくらい単純でも識別できるだろう」という見込みのもとで作成しています。しかし、どんなに複雑でも、考え方の基本はここで調べる単純なニューラルネットワークと同様です。以下に、各層の働きを見てみることにしましょう。
　なお、2章でもニューラルネットワークの基本を調べましたが、ここでは解説に数式を用います。

5 ニューラルネットワークの各層の働きと変数記号

~ニューラルネットワークの理解の第一歩は変数の理解

前の節（§4）で提示した〔課題Ⅰ〕について、ニューラルネットワークの各層の働きと、現れる変数の意味を調べましょう。

変数名の付け方のおさらい

ニューラルネットワークのユニットの話に入る前に、単体のユニットについておさらいをします。

単体のユニットにおいては、その動作は次のようにまとめられます（§1、§3）。すなわち、入力 x_i ($i = 1, 2, 3, \cdots, n$) に対して、出力 y は以下のように記述されるのです。

> x_i … i 番目の入力 ($i = 1, 2, 3, \cdots, n$)
> w_i … i 番目の入力に掛けられる重み
> θ … 閾値
> y … 出力
> s … 入力の線形和（$= w_1 x_1 + w_2 x_2 + \cdots + w_n x_n - \theta$）… (1)
> $y = a(s)$ … a は活性化関数 … (2)

ユニット単体の場合の記号の約束。活性化関数 a としてシグモイド関数を利用

（注）「入力の線形和」s は「束ねる」イメージを表わすために図では「C」型で表現。

このように、1個のユニットでさえ変数を表わす記号がたくさん現れます。いわんやユニットが層をなすニューラルネットワークでは、変数の数が膨大になります。そこで、変数の記号の意味を理解することが、ニューラルネットワークをマスターする最初の一歩になります。

それでは、§4で提示した〔課題Ⅰ〕のニューラルネットワークについて、層ごとに変数の意味と表記法を調べていくことにしましょう。

入力層のユニットの名称と働き

入力層（Input layer）は、画素情報をそのまま隠れ層に伝える働きをします。そこで、ユニットとは言ってもユニットではなく、その機能は単純です。入力をそのまま出力とするだけです。このため、入力層の形はデータに合わせて自動的に確定します。

入力層にあるユニット名として、本書ではアルファベットの大文字Xを用いることにします。そして、上からの順番を添え字としてX_i（$i = 1, 2, 3, \cdots, 20$）と表わします。この番号iは、文字画像の右上の画素から左下の画素に向かって振られた番号に一致します。

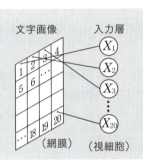

文字画像は5×4＝20画素から構成されている。人にたとえるならば、入力層は「視細胞」の集まりと考えられる。その情報はそのまま脳のニューロン（すなわち隠れ層）に送られることになる

なお、ユニットX_iの出力を表わす変数名には、小文字x_iを利用します（入力と出力とは同一なので、x_iは入力を表わす変数にもなります）。

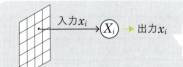

入力と出力を表わす変数名は、ユニット名と同じアルファベットの小文字を利用

（例） 右の図の文字画像が入力されたとき、入力層の
各ユニットの入力と出力は次の値となります。
$x_1 = x_2 = x_3 = 1$、$x_4 = 0$、$x_5 = 1$、$x_6 = x_7 = 0$、$x_8 = x_9$
$= x_{10} = x_{11} = 1$、$x_{12} = 0$、$x_{13} = 1$、$x_{14} = x_{15} = x_{16} = 0$、
$x_{17} = 1$、$x_{18} = x_{19} = x_{20} = 0$

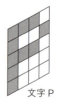

文字P

隠れ層のユニットの名称と関係式

隠れ層（Hidden layer）においては、ユニット名は上からの順番を添え字としてH_j（$j=1, 2, 3$）と表わします。

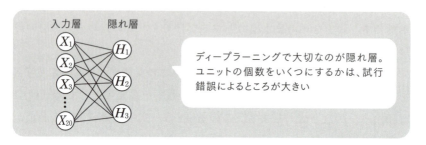

ディープラーニングで大切なのが隠れ層。ユニットの個数をいくつにするかは、試行錯誤によるところが大きい

一般的に、ディープラーニングでは隠れ層の存在が大切です。実際、後述するように、識別のための画像の特徴抽出をする重要な層になるからです。

2章では、この「特徴抽出」は済んでいることを前提として話を進めました。しかし、実際には隠れ層のユニットH_jが特徴抽出するしくみは、後述する「学習」というステップ（§7）まで行き着かなければわかりません。

次に、隠れ層のユニットに関係する変数の名称について確認しましょう。

変数名	意味
w_{ji}^H	入力層のi番目のユニットX_iから隠れ層j番目のユニットH_jに向けた矢の重み。
θ_j^H	隠れ層j番目にあるユニットH_jの閾値。
s_j^H	隠れ層j番目にあるユニットH_jの入力の線形和。
h_j	隠れ層j番目にあるユニットH_jの出力を表わす変数名。

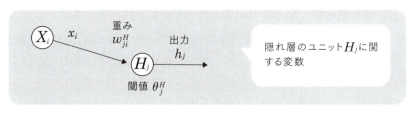

次の〔例題〕で、具体的に関係を確認してください。

〔例題 1〕隠れ層のユニット H_1 について、その入力と出力、重みと閾値の関係を図示してみましょう。

(解)次の図のようになります。

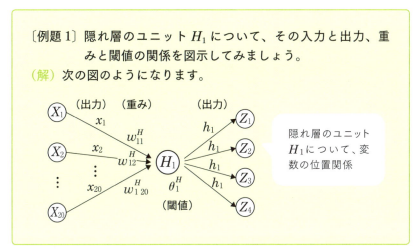

なお、隠れ層においては、出力は次の式で計算されます。これは最初に復習した単体のユニットの式 (1)(2) と、式のつくり方は同じです。

〔隠れ層のユニットに関する「入力の線形和」s_j^H とその出力 h_j〕
$$\left. \begin{array}{l} s_j^H = w_{j1}^H x_1 + w_{j2}^H x_2 + w_{j3}^H x_3 + \cdots + w_{j20}^H x_{20} - \theta_j^H \\ h_j = a(s_j^H) \ (a \text{ は活性化関数、本書ではシグモイド関数}) \end{array} \right\} \cdots (3)$$

この変数の位置関係を図示してみましょう。

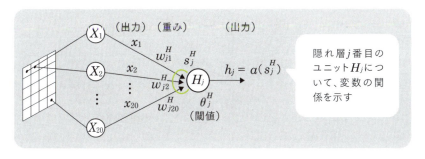

「入力の線形和」は「重み付きの信号を束ねた値」というイメージを持ちます。そこで、先にも述べたように、図の中では、「入力の線形和」を「束ねる」イメージとして「C」型で表現することにします。

〔例題2〕隠れ層のユニット H_1 について、その「入力の線形和」s_1^H と、他の変数の関係を図示し、入力の線形和 s_1^H と出力 h_1 を求めましょう。

(解) 右の図のようになります。この図から、次の関係が得られます。
$$s_1^H = w_{11}^H x_1 + w_{12}^H x_2 + \cdots + w_{1\,20}^H x_{20} - \theta_1^H$$
$$h_1 = a(s_1^H) \ (a \text{ は活性化関数})$$

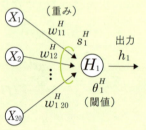

出力層のユニットの名称と関係式

出力層（Output layer）のユニット Z_k の添え字 k は、上から数えて k 番目に位置するユニットを表わします（$k = 1, 2, 3, 4$）。

出力層はニューラルネットワークの処理結果を提示する層です。そこで、正解のデータ構造が与えられれば、ユニット数と役割は自動的に確定します。実際、〔課題Ⅰ〕では、A、P、L、Eの画像の識別という題意から、ユニット Z_k は次の図のように約束されます。

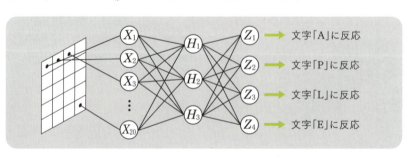

この図が示すように、出力層1番目のユニットZ_1は、ニューラルネットワークに手書き文字「A」が入力されたときに反応し、他は無視する働きをします。2番目のニューロンZ_2は、手書き文字「P」が入力されたときに反応し、他は無視する働きをします。3、4番目のユニットZ_3、Z_4についても同様です。

　なお、この図の「反応」が数値的にどのように表現されるかについては、次の節で調べます。

　次に、出力層のユニットに関係する変数の名称について確認しましょう。

変数名	意味
w_{kj}^O	隠れ層j番目のユニットH_jから出力層k番目のユニットZ_kに向けた矢の重み。
θ_k^O	出力層k番目のユニットZ_kの閾値。
s_k^O	出力層k番目のユニットZ_kへの入力の線形和。
z_k	出力層k番目のユニットZ_kの出力を表わす変数名。

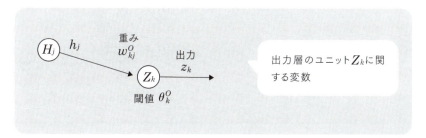

出力層のユニットZ_kに関する変数

　出力層においては、出力は次の式で計算されます。これは最初に復習した単体のユニットの式（1）（2）と式のつくり方は同じです。

〔出力層のユニットの「入力の線形和」s_k^Oとその出力z_k〕
$$s_k^O = w_{k1}^O h_1 + w_{k2}^O h_2 + w_{k3}^O h_3 - \theta_k^O$$
$$z_k = a(s_k^O) \quad (a は活性化関数、本書ではシグモイド関数) \quad \cdots (4)$$

　この変数の位置関係を図示しましょう。

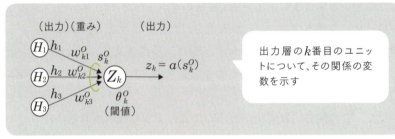

次の〔例題〕で、関係を具体的に確認してください。

〔例題3〕 出力層のユニット Z_1 について、その「入力の線形和」 s_1^O と他の変数の関係を図示してみましょう。また、その出力 z_1 を式で表現しましょう。

(解) 右の図のようになります。この図から、次の関係が得られます。

$$s_1^O = w_{11}^O h_1 + w_{12}^O h_2 + w_{13}^O h_3 - \theta_1^O$$
$$z_1 = a(s_1^O) \quad (a は活性化関数)$$

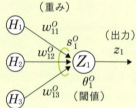

変数の位置関係のまとめ

　最初に言及したように、ニューラルネットワークの記述には、実にたくさんの変数が必要になります。それに伴い、さまざまな変数名が利用されます。本節は、その一覧を示しましたが、入力層、隠れ層、出力層を通して、ユニットに関係する変数名について、再度その約束を図で確認してみましょう。i、j、k の並び順に留意して図を見てください。

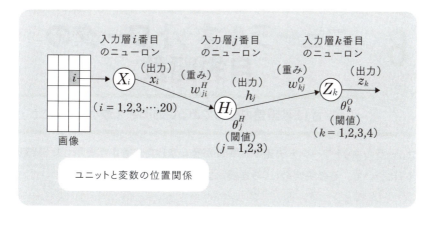

ユニットと変数の位置関係

　ちなみに、この図において、アルファベットの x、h、z が付けられた変数はデータが変わると値が変わる変数です。それに対して、**w と θ が付けられた変数（重みと閾値）はデータが変わっても値が変わらない変数**です。後者の変数をニューラルネットワークの「パラメーター」と呼ぶことは、3章で調べました。

6 ニューラルネットワークの目的関数

~「学習」とは誤差の総和である目的関数を最小化すること

ニューラルネットワークを決定する準備が整いました。§4で提示した〔課題Ⅰ〕について、その決定のしくみを調べましょう。

ニューラルネットワークの出力値の意味

いま話題にしている〔課題Ⅰ〕のニューラルネットワークでは、出力層には4個のユニットZ_1、Z_2、Z_3、Z_4があります。先に調べたように（§5）、Z_1は文字「A」に、Z_2は文字「P」に、Z_3は文字「L」に、Z_4は文字「E」に、反応する役割を担っています。

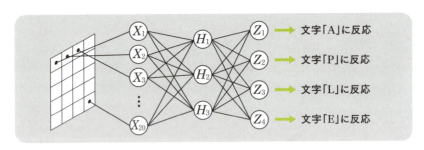

さて、この〔課題Ⅰ〕では、ユニットの活性化関数として、シグモイド関数を仮定していることに留意してください。

シグモイド関数のグラフ

そこで、各ユニットの出力値は0から1までの値を連続的にとります。1に近いほど「反応度」が増し、0に近いほど「無反応」と解釈できま

す（§3）。

そこで、0から1までの値をとるユニットZ_1、Z_2、Z_3、Z_4の出力値を次のように解釈します。

「画像が担当する文字と思える確信度」

ニューラルネットワークにとって、入力画像が何であるかは不明です。そこで、ユニットZ_1、Z_2、Z_3、Z_4は出力値としてA、P、L、Eのどれであるかの「確信度」を算出すると考えるわけです。

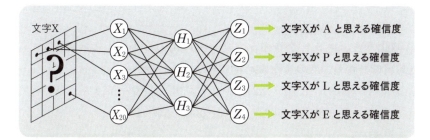

ニューラルネットワークの出力と正解の誤差の意味

いま、文字「A」と思える画像が読み込まれたとしましょう。そして、ニューラルネットワークは、「確信度」として、次のような出力値を算出したとします（この値は仮です）。

$z_1 = 0.9$、$z_2 = 0.2$、$z_3 = 0.0$、$z_4 = 0.1$ … (1)

(注)ユニットZ_1、Z_2、Z_3、Z_4の出力をz_1、z_2、z_3、z_4と表わしています（§5）。

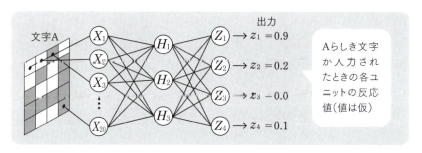

Aらしき文字が入力されたときの各ユニットの反応値（値は仮）

ところで、ニューラルネットワークは「教師あり学習」が基本です。そこで訓練データには正解が付与されています。たとえば、上の図で、入力された文字画像の正解が予想通り「A」とします。すると、ニュー

ラルネットワークの出力は次の値が正解となります。

$z_1 = 1$、$z_2 = 0$、$z_3 = 0$、$z_4 = 0$ … (2)

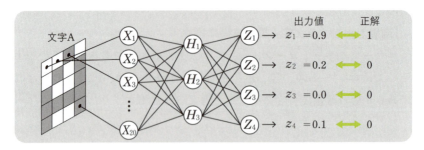

以上から、ニューラルネットワークの出力と正解との誤差eは、式(1)、(2)から、次のように定義できることがわかります。

$e = (1 - 0.9)^2 + (0 - 0.2)^2 + (0 - 0.0)^2 + (0 - 0.1)^2$ … (3)

これを「平方誤差」と呼ぶことは、3章で調べました。

誤差の式

平方誤差(3)を一般的に調べてみましょう。

先程と同じように、正解「A」が与えられた文字画像がニューラルネットワークに入力されたとします。このときの出力層Z_1、Z_2、Z_3、Z_4の出力をz_1、z_2、z_3、z_4とします。すると、先と同様に考えて、平方誤差eは次のように定義されます。

$e = (1 - z_1)^2 + (0 - z_2)^2 + (0 - z_3)^2 + (0 - z_4)^2$ … (4)

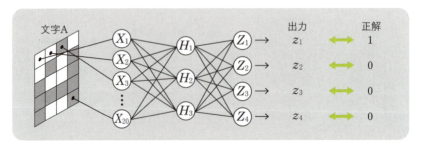

この式(4)が、文字「A」を表わす画像が読み込まれたときの、ニューラルネットワークの「出力と正解との平方誤差」です。

同様に、正解ラベル「P」が与えられた文字画像がニューラルネット

ワークに入力されたとします。このときの平方誤差 e は次のように定義されます。

$$e = (0-z_1)^2 + (1-z_2)^2 + (0-z_3)^2 + (0-z_4)^2 \cdots (5)$$

これが、文字「P」を表わす画像が読み込まれたときの、ニューラルネットワークの「出力と正解との平方誤差」です。

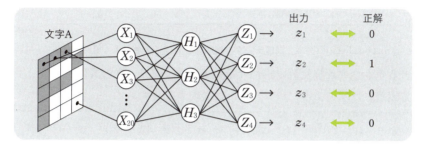

以下同様に考えて、平方誤差 e は次の表のように定義できます。

正解ラベル	平方誤差 e
A	$(1-z_1)^2 + (0-z_2)^2 + (0-z_3)^2 + (0-z_4)^2$
P	$(0-z_1)^2 + (1-z_2)^2 + (0-z_3)^2 + (0-z_4)^2$
L	$(0-z_1)^2 + (0-z_2)^2 + (1-z_3)^2 + (0-z_4)^2$
E	$(0-z_1)^2 + (0-z_2)^2 + (0-z_3)^2 + (1-z_4)^2$

正解を変数化

上の表を見てください。正解が異なると、平方誤差の式の形が異なります。これではコンピューターによる計算がしづらいので、式の表現を工夫しましょう。

繰り返しますが、訓練データの各画像には、それが何を意味するかの正解が付けられています。〔課題Ⅰ〕では、手書きの数字画像に「A」「P」「L」「E」のどれかが付加されていることになります。ところで、上記のように、生のままの正解「A」「P」「L」「E」では処理がしにくいので、計算しやすいように書き換えましょう。それが次の表に示す正解変数 t_1、t_2、t_3、t_4 の4つの組です。

正解変数	意味	正解変数の値			
		A	P	L	E
t_1	「A」の正解変数	1	0	0	0
t_2	「P」の正解変数	0	1	0	0
t_3	「L」の正解変数	0	0	1	0
t_4	「E」の正解変数	0	0	0	1

(注) t は teacher の頭文字。訓練データの正解なので、この名がよく用いられます。

　このような正解変数の組 t_1、t_2、t_3、t_4 を用いると、先の表に示した「平方誤差」は次のようにコンパクトに表現されます。

$$e = (t_1 - z_1)^2 + (t_2 - z_2)^2 + (t_3 - z_3)^2 + (t_4 - z_4)^2 \quad \cdots (6)$$

　これがニューラルネットワークで利用される標準的な平方誤差の表現です。式 (6) のように誤差表現を一つにまとめておくと、数学的に扱いやすくなります。また、コンピューターのプログラム作成が簡潔になります。

〔例題1〕「A」を表わす文字画像が読まれたとき、式 (6) が式 (4) と一致することを確認しましょう。

(解) 画像「A」が読まれたとき、上の表から $t_1 = 1$、$t_2 = 0$、$t_3 = 0$、$t_4 = 0$ なので、式 (6) は次のようになります。

$$e = (t_1 - z_1)^2 + (t_2 - z_2)^2 + (t_3 - z_3)^2 + (t_4 - z_4)^2$$
$$= (1 - z_1)^2 + (0 - z_2)^2 + (0 - z_3)^2 + (0 - z_4)^2$$

これは式 (4) に一致します。

データ全体についての誤差の総量が目的関数

　式 (6) は一つの文字画像についての誤差を表現しているにすぎません。誤差はデータとして与えられた文字画像全体について考えなければ意味がありません。

　データ全体についての誤差はどのように求めればよいでしょうか。そ

の答は簡単で、データ全体について、式（6）で与えられる平方誤差を加え合わせればよいのです。

いま考えている〔課題Ⅰ〕では、画像枚数が128枚です（§4）。そこで、与えられた128枚全体について、ニューラルネットワークの出力値と正解との平方誤差（6）を加算します。これが、データ全体についての誤差です。それをEで表わしましょう。

データ全体の誤差E＝式（6）の平方誤差eの総和 … （7）

この全体の誤差Eを、ニューラルネットワークの**目的関数**と呼びます（3章§3）。

この式（7）を数学的に表現してみます。

訓練データにおいて、k枚目の画像についての平方誤差（6）の値をe_kとしましょう。このとき、訓練データ全体についての誤差Eは次のように表現されます。

$$\text{データ全体の誤差}\ E = e_1 + e_2 + e_3 + \cdots + e_{127} + e_{128} \quad \cdots (8)$$

ここで128とは、いま調べている訓練データにおける画像の枚数です。これが目的関数の式となります。

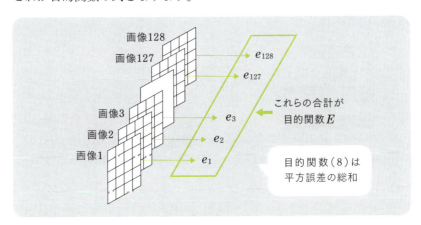

教師あり学習の数学的な意味

式（8）で表わされる目的関数Eは、データ全体についての平方誤差の総和です。目的関数(8)の値が小さければ、考えているニューラルネッ

トワークは訓練データをよく説明していることになります。それに対して、目的関数（8）の値が大きければ、考えているニューラルネットワークは訓練データの説明に失敗していることになります。

そこで、ニューラルネットワークを決定するには、式（8）で表わされる目的関数Eを最小化することが目標になります。Eを最小化すれば、ニューラルネットワークと訓練データとの情報誤差が最小になり、最適なニューラルネットワークが得られることになるからです。

ここで、目的関数（8）は「重み」と「閾値」の関数であることに留意してください。

3章で調べたように、データを分析するモデルは、データを入れる変数と、モデルを規定する変数（パラメーターといいます）の2者で表現されます。データを入れる変数は目的関数Eの中には含まれていません。すでに画像データを入れてあるので、そのための変数は確定されているからです。

式（8）で表わされる目的関数Eの中に残っている変数は、モデルを規定するパラメーターの「重み」と「閾値」だけです。そこで、次にやるべきことは、**目的関数Eを最小化する「重み」と「閾値」を探す**ことです。

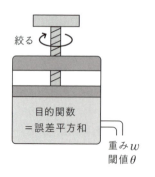

誤差の総和を表わす目的関数Eを最小にするようにパラメーター（重みと閾値）を決定する

以上が、ニューラルネットワークの決定法です。このように決定することを、ディープラーニングの世界（一般にはAIの世界）では**学習**と呼びます。このことは、すでに2章でも触れました。2章で調べた「教師あり学習」の数学的な意味は、目的関数Eを最小化する重みと閾値を探すことなのです。

モデルの最適化と「学習」

この節を終えるにあたって、これまでの用語の整理をしましょう。

一般的に、データを分析するためには、それを説明するための数学的モデルを作成します。本書では、ニューラルネットワークがこのモデルに相当します。

3章で調べたように、そのモデルにはパラメーターと呼ばれる定数が含まれ、モデルを規定しています。このパラメーターをデータにできるだけフィットするように決定することを最適化と呼びます。

この最適化を、AIの世界では「学習」と表現します。AIを擬人化した言い方です。「AIの学習」というと、コンピューターが本をめくって勉強する姿を思い浮かべるかもしれませんが、違います。上に示したように、「目的関数Eを最小化する重みと閾値を探すこと」なのです。

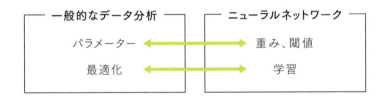

7 ニューラルネットワークの「学習」

～目的関数の最小化という決定原理から、
実際に重みと閾値を求める

§4で提示した〔課題Ⅰ〕について、そのためのニューラルネットワークを調べ、パラメーター（すなわち重みと閾値）の決定法を調べてきました。本節では、実際に重みと閾値をコンピューターで決定しましょう。

対象とするニューラルネットワークの確認

〔課題Ⅰ〕に対するニューラルネットワークのパラメーターの決定法を調べてきました。目的関数を最小にする重みと閾値を探せばよいのです。理論的には、それがすべてです。

しかし、実際に計算しなければ、雲をつかむような話で終わってしまいます。その計算には7章で調べる**誤差逆伝播法**を用いるのが普通ですが、ここでは「手抜き」をします。多くの人が知っている表計算ソフトを利用し、簡単に重みとパラメーターを決定します。

表計算ソフトはニューラルネットワークの計算と相性が良い性質を持ちます。1ユニットに1セルが対応できるからです。では、これまで調べてきた〔課題Ⅰ〕を確認し（下記再掲）、実際に「学習」作業を進めましょう。

〔課題Ⅰ〕5×4画素の白黒2値画像として読み取った手書きのアルファベット文字「A」「P」「L」「E」を識別するニューラルネットワークを作成しましょう。ただし、正解ラベル付きの128枚の文字画像を訓練データとします。活性化関数はシグモイド関数を利用します。

（注）表計算ソフトとしては、マイクロソフト社のExcelを用います。付録Aに訓練データを示します。

この課題に対するニューラルネットワークも確認しておきます。

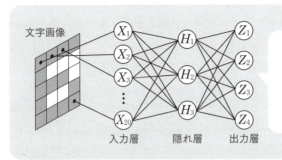

本節で調べるニューラルネットワークの略図。文字画像として手書き文字 E が入力されている例

Excelで「学習」実行

ステップを追いながら、実際に計算してみましょう。

①パラメーターの初期値を設定します。

重みと閾値の初期値をセットします。

（注）隠れ層が入力層のユニットに課す重みは、次の表のように対応している（X_i はユニット名）

X_1	X_2	X_3	X_4
X_5	X_6	X_7	X_8
X_9	X_{10}	X_{11}	X_{12}
X_{13}	X_{14}	X_{15}	X_{16}
X_{17}	X_{18}	X_{19}	X_{20}

隠れ層のユニット H_1 の重みの初期値を指定セルに設定（以下同様）

隠れ層のユニット H_1 の閾値の初期値を指定セルに設定（以下同様）

出力層のユニット Z_1 の重みと閾値の初期値を指定セルに設定。順に、H_1、H_2、H_3 に課す重みと閾値を表わす（以下同様）

②訓練データの1番目を読み込み、処理のための関数を埋め込みます。

下記の形式で画像データを読み込み、関数を埋め込むことにします。こうすることで、ニューラルネットワークの1ユニットがワークシートの1セルに対応し、処理がよく見えるからです。

最初の画像データと正解ラベルについて、その処理を示します。

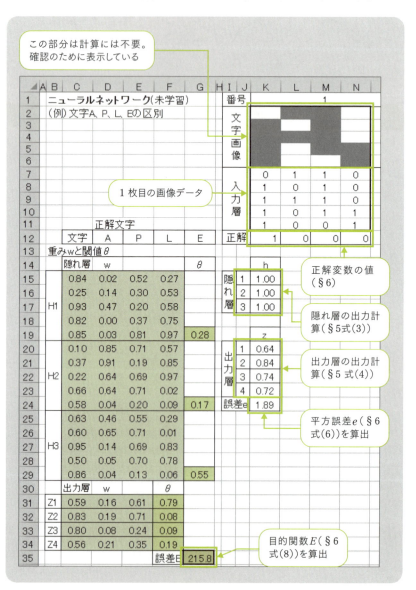

③残りの訓練データ全部に②の処理をコピーします。

②に示した列K〜Oの部分を、残りの127枚分、右方向にコピーします。さらに、目的関数Eの式を埋め込みます（②の図）。

④ソルバーを実行します。

次図のように目的関数、パラメーターを設定し、最小値計算を指示します。

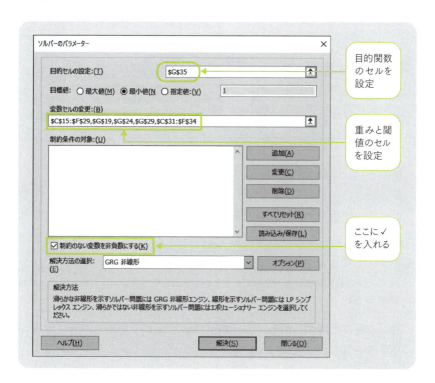

(注)「制約のない変数を非負数にする」にチェックを入れたのは、計算結果の解釈をしやすくするためです。なお、ソルバーがインストールされていない場合には、付録Dに従い、インストールしてください。

Excelの計算結果を見てみよう

ソルバーを実行すると、次図のような結果が得られます。

(注)パソコンの性能や環境によっては30分以上を要する場合があります。また、次と異なる結果が出る場合があります。

	A	B	C	D	E	F	G
1		ニューラルネットワーク(未学習)					
13		重みwと閾値θ					
14			隠れ層	w			θ
15			0.00	0.00	0.00	0.00	
16			0.00	0.06	0.00	0.00	
17		H1	0.00	0.00	0.00	0.00	
18			0.00	0.40	0.00	0.88	
19			0.00	0.18	7.74	0.93	6.98
20			0.07	1.66	1.58	0.52	
21			0.21	0.00	0.00	2.03	
22		H2	0.52	1.17	0.53	0.00	
23			0.00	0.00	0.00	0.00	
24			0.00	0.02	0.00	0.00	5.81
25			0.00	0.00	0.00	0.00	
26			0.00	0.35	2.52	0.02	
27		H3	0.00	0.00	2.53	1.43	
28			0.00	0.12	3.11	4.26	
29			0.00	0.00	0.00	0.16	6.30

	A	B	C	D	E	F
1		ニューラルネットワーク(未学習)				
30			出力層	w		θ
31		Z1	0.00	0.37	10.68	6.07
32		Z2	0.00	5.10	0.00	3.52
33		Z3	4.45	0.00	0.00	3.57
34		Z4	6.78	6.85	0.00	8.00

出力層について算出した重みと閾値の値

隠れ層について算出した重みと閾値の値

算出された重みと閾値に対して、目的関数Eの値は次の通りです。

$E = 25.41$

この目的関数Eの値の評価は難しい所です。値として0～1を取りうる画素数5×4＝20個の画像が128枚あるので、かなり良い値と考えても許されるでしょう。

(注) ここで得た目的関数の値が最小であるという保証はありません。これは最適化問題の宿命です。

上記の重みと閾値に対して、正解ラベルを正しく予測した率（すなわち計算の正答率）は次の通りです。

正答率＝98%

これもまずまずの値です。試しに正答を出さなかった訓練データを例示しましょう。

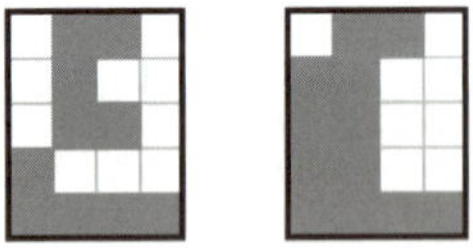

正しく判定できなかった訓練データ。左の画像はLと、右の画像はEと判定した。正解は逆にEとL

これらの手書き文字は、本章で用いた簡単なニューラルネットワークでは「判定が難しいだろう」と、同情してしまう悪筆です。

8 ニューラルネットワークの「学習」結果の解釈

~学習したニューラルネットワークについて、その結果を解釈してみる

§4で提示した〔課題Ⅰ〕について、前の節で、重みと閾値を確定しました。本節では、その結果の解釈をしてみましょう。

重みの大きなユニット同士を結んでみる

「重み」はユニットがその下の層のユニットと結ぶ結合の強さを表わしています。すなわち、情報交換のパイプの太さを表現しています。

(注) いまは重みと閾値に0以上の値を仮定しているので、このような解釈ができます。負の世界にまで話を広げると、このような解釈に変更が必要な場合がありますが、ここで調べる考え方は役立ちます。

そこで、重みについて、層のユニットごとに値を示してみます。

隠れ層の重み

H_1	0.00	0.00	0.00	0.00
	0.00	0.06	0.00	0.00
	0.00	0.00	0.00	0.00
	0.00	0.40	0.00	0.88
	0.00	0.18	7.74	0.93

H_2	0.07	1.66	1.58	0.52
	0.21	0.00	0.00	2.03
	0.52	1.17	0.53	0.00
	0.00	0.00	0.00	0.00
	0.00	0.02	0.00	0.00

H_3	0.00	0.00	0.00	0.00
	0.00	0.35	2.52	0.02
	0.00	0.00	2.53	1.43
	0.00	0.12	3.11	4.26
	0.00	0.00	0.00	0.16

出力層の重み

	H_1	H_2	H_3
Z_1	0.00	0.37	10.68
Z_2	0.00	5.10	0.00
Z_3	4.45	0.00	0.00
Z_4	6.78	6.85	0.00

大きな値を持つ「重み」に色網をかけています。本来は閾値も考慮しなければなりませんが、ここでは単純に重みの大小だけを考えます

先にも示しましたが（§7）、隠れ層が入力層のユニットX_1、X_2、…、X_{20}に課す重みを、次の表のように対応させています。

X_1	X_2	X_3	X_4
X_5	X_6	X_7	X_8
X_9	X_{10}	X_{11}	X_{12}
X_{13}	X_{14}	X_{15}	X_{16}
X_{17}	X_{18}	X_{19}	X_{20}

画像の画素と入力層のユニットは1対1対応。そこで、入力層のユニットX_1、X_2、…、X_{20}は画素と、この図のように対応させられる

ここで、網をかけた重みの大きなユニット同士を線で結び、重みの小さなユニット同士の結びつきは無視しましょう。

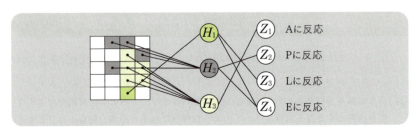

この図は、関係の強いもの同士を線で結んだ、ユニットの「相関図」です。

以下の説明のために、前ページに示した隠れ層のユニットH_1、H_2、H_3の重みの表で、大きな値を持つ場所に網をかけた次のパターン1〜3を用意します。

パターン1

パターン2

パターン3

隠れ層のユニットH_1、H_2、H_3は、画像において、これらパターンの網を施した部分と強く結びついているのです。

学習結果の解釈

それでは、上に得られた図を読み解いてみます。

まず、文字「A」に反応する出力層Z_1を出発点として、線をたどってみましょう。入力層には、典型的な手書き文字「A」を重ねてみます。

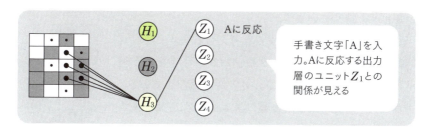

　続けて、同様にして、文字「P」「L」「E」に反応する出力層$Z_2 \sim Z_4$を出発点として、線をたどってみましょう。そして、典型的な手書き文字「P」「L」「E」の画像を順に重ねてみましょう。

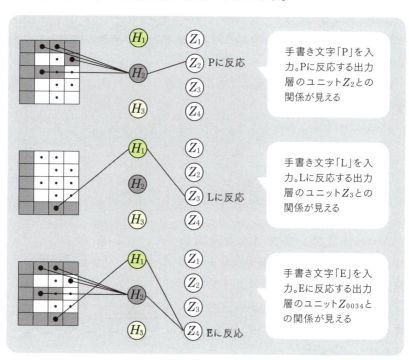

　こうしてみると、入力層と隠れ層、出力層のユニットの関係がよく見えてきます。ニューラルネットワークがどのように手書き文字を識別しているかがわかるのです。

　最初に「A」に反応する出力層のユニットZ_1から調べてみます。

　ユニットZ_1は、文字「A」を識別するために、隠れ層のユニットH_3と手を結んでいます。そして、ユニットH_3は先に示した画像上のパター

ン3と手を結んでいます。

これは次のことを意味すると考えられます。

「ニューラルネットワークは、パターン3という画像の特徴を主に利用して、文字Aを識別している」

パターン3

次に「P」に反応する出力層のユニットZ_2を調べます。

ユニットZ_2は、文字「P」を識別するために、隠れ層のユニットH_2と手を結んでいます。そして、ユニットH_2は先に示した画像上のパターン2と手を結んでいます。

パターン2

これは次のことを意味すると考えられます。

「ニューラルネットワークは、パターン2という画像の特徴を主に利用して、文字Pを識別している」

以上のことは、「L」に反応する出力層のユニットZ_3についても同様です。

「ニューラルネットワークは、パターン1という画像の特徴を主に利用して、文字Lを識別している」

と考えられるのです。

最後に「E」に反応する出力層のユニットZ_4を調べます。

ユニットZ_4は、文字「E」を識別するために、2つの隠れ層のユニットH_1、H_2と手を結んでいます。そして、ユニットH_1は画像上のパターン1と、ユニットH_2は画像上のパターン2と、手を結んでいます。

パターン1

パターン2

これは次のことを意味すると考えられます。

「ニューラルネットワークは、主にパターン1とパターン2の2つの画像の特徴を組み合わせて、文字Eを識別している」

以上のことから、ニューラルネットワークが手書き文字を識別するしくみが見えました。「重み」のパターン1～3を用いて、入力された文字がなんであるかを識別しているのです。

大切なことは、これら「重み」のパターン1〜3は人が与えたものではないという点です。データを与え計算すれば、隠れ層のユニットH_1〜H_3が自動的にあぶり出すのです。

こうして、隠れ層が訓練データの画像から、識別のための特徴となる画像のパターンを抽出することを、隠れ層が**特徴抽出**したといいます。そして、抽出されたパターン1〜3を**特徴パターン**と呼びます。

(注) 2章でも調べたように、一般的には、特徴パターンを**特徴量**と呼びます。

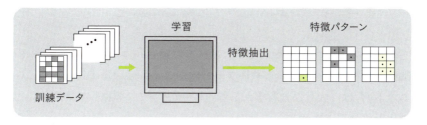

以上が「ディープラーニングはデータから自ら学ぶ」という言葉の意味です。2章でイメージ的に調べた「特徴パターン」「特徴抽出」とは、数学的にこのようなしくみだったのです。

各層のユニット出力の意味

ニューラルネットワークを構成する3つの層(入力層、隠れ層、出力層)のうち、入力層と出力層のユニットの出力の意味は明白です。

入力層にあるユニットの出力は、画像の画素の値そのものです(§5)。出力層にあるユニットの出力は、入力された文字がそのユニットの担当の文字であることの「確信度」です(§6)。

では、隠れ層の出力はどんな意味があるのでしょうか。

結論からいうと、次のように解釈されます。

> 隠れ層のユニットH_1、H_2、H_3の出力は、入力された画像に、特徴パターン1、2、3が順にどれくらい含まれているかの「含有率」を表わしている。視覚的には、画像と特徴パターンとの「類似度」を表わしている。

この隠れ層の出力の解釈を具体例で見てみましょう。

次の図は、隠れ層のユニット H_2 が抽出したパターン2について、文字P、Lとの関係を示しています。

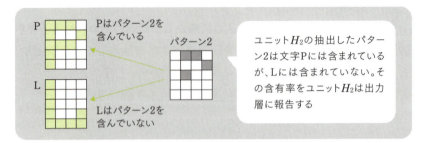

文字Pがニューラルネットワークに入力されたとき、ユニット H_2 の抽出した特徴パターン2と共通するものが含まれています。よって、ユニット H_2 は「大きな含有率がある」「パターン2に類似している」ことを出力層に伝えます。

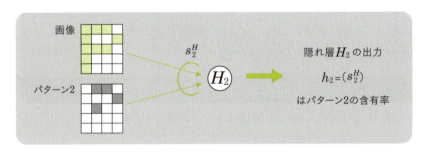

それに対して、文字Lがニューラルネットワークに入力されたとき、ユニット H_2 の抽出した特徴パターン2と共通するものが含まれていません。よって、ユニット H_2 は「含有率は0に近い」「類似していない」ことを出力層に伝えるのです。

ニューラルネットワークをテストしよう

訓練データを用いて、ニューラルネットワークを決定してきましたが、それはあくまで訓練用です。新しい画像に出会ったとき、そのニューラルネットワークが本当に正しい判定ができるかどうかを調べましょう。すなわち、〔課題Ⅰ〕で決定したニューラルネットワークが正しく動作することを次の〔問〕で確認しましょう。

〔問〕右に示す手書き文字の画像について、これまでに作成したニューラルネットワークが「A」「P」「L」「E」のどの文字と判定するか調べてみましょう。

（解）このテスト用の手書き文字は、訓練データにはない文字です。「A」を表わしている手書き文字と考えられますが、〔課題Ⅰ〕で作成したニューラルネットワークが対処したことのない未経験のデータです。

先に学習したパラメーター（重みと閾値）を利用して、出力層の出力を計算してみましょう。

Z_1	Z_2	Z_3	Z_4
0.99	0.10	0.03	0.00

「A」に反応する出力層のユニット Z_1 の出力が最大であることがわかります。そこで、ニューラルネットワークは「A」と判断したことになります。ニューラルネットワークは、人と同様の判断を下したことになります。

（解終）

memo 「含有率」と解釈できる数学的根拠

隠れ層のユニット H_j の出力 h_j は次のように算出されます（§5）。

$$s_j^H = w_{j1}^H x_1 + w_{j2}^H x_2 + w_{j3}^H x_3 + \cdots + w_{j20}^H x_{20} - \theta_j^H \cdots (1)$$

$$h_j = \sigma(s_j^H) \cdots (2)$$

式（1）右辺の「重み」の部分に特徴パターン j（$j = 1 \sim 3$）が反映されています。入力画像と特徴パターン j とが重なれば、当然この線形の入力和 s_j^H は大きな値になります。すると、単調増加関数の σ（式（2））によって 0 ～ 1 の値に変換されるので、h_j が「特徴パターン j の含有率」と解釈できるのです。

5章

畳み込み
ニューラルネットワーク
のしくみがわかる

畳み込みニューラルネットワークは
ディープラーニングの主役の座に位置しています。
2章では、ニューロンロボットを用いて
考え方をイメージ的に調べましたが、
本章では、数式を追うことで、
そのしくみを明らかにしましょう。

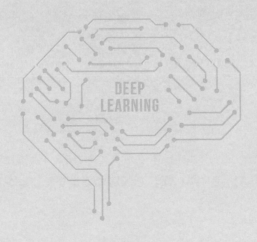

1 畳み込みニューラルネットワークの準備

~ニューラルネットワークでは大きな画像に対応できない！

ディープラーニングは昨今のAIブームを巻き起こした立役者です。それを支えるモデルが「畳み込みニューラルネットワーク（CNN）」です。4章で調べたニューラルネットワークとの違いを調べましょう。

畳み込みニューラルネットワークの必要性

4章で調べたニューラルネットワークの隠れ層に構造を持たせたのが**畳み込みニューラルネットワーク**です。畳み込みニューラルネットワークはニューラルネットワークの一種なのです。

畳み込みニューラルネットワークはニューラルネットワークの一種

では、どうして畳み込みニューラルネットワークが必要なのでしょうか？　最初に、前の章（4章）で調べたニューラルネットワークの例を見てみましょう。

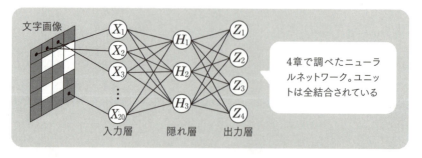

4章で調べたニューラルネットワーク。ユニットは全結合されている

こんな簡単なニューラルネットワークでも、5×4画素に収まる簡単な手書き文字「A」「P」「L」「E」を区別できました。しかし、たかだ

か4つの簡単な文字を区別するだけでも、入力層から隠れ層に向けられる矢の本数は20×3（＝60）本となりました。

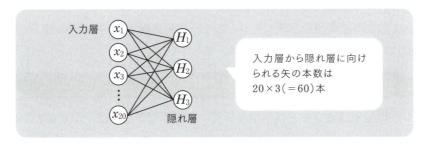

入力層から隠れ層に向けられる矢の本数は
20×3（＝60）本

まして、本物の画像からネコを識別することを考えると、矢の数はこの比ではありません。

実際、写真からイヌとネコを識別するニューラルネットワークを考えてみてください。現代では、安価なデジタルカメラでも、1000万画素の解像度を持ちます。すると、入力層から隠れ層の1個のユニットに向ける矢の本数は1000万となります。簡単な手書き文字「A」「P」「L」「E」の区別と違って、イヌとネコとを識別するには、隠れ層には少なくとも1000個のユニットを配置する必要があるでしょう。すると、入力層から隠れ層に向けられる矢の本数は、次のように膨大になります。

1000万画素×隠れ層のユニット数1000個＝100億（本）

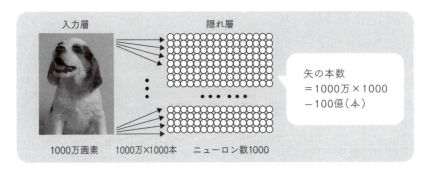

矢の本数
＝1000万×1000
＝100億（本）

（注）このように、隣接するユニット同士をすべて矢で結ぶネットワークの結合方法を**全結合**ということは、2章で調べました。

1本の矢にはユニットの課す「**重み**」一つが対応します。そこで、このニューラルネットワークを決定するには、最低でも100億個の「重み」

という変数を確定しなければならなくなります。さすがに100億個の値の決定は、スーパーコンピューターをもってしても、困難です。また、そのためには膨大なデータが必要ですが、それを用意するのも至難です。

このような問題を解決するものこそ、**畳み込みニューラルネットワーク**（Convolutional neural network、略して CNN）なのです。

具体例で考える

一般論で議論すると話が抽象的になり、本質が見えにくくなります。そこで、これからは次の具体的な問題を通して、畳み込みニューラルネットワークを調べることにします。

> 〔課題Ⅱ〕 9×9＝81画素のモノクロ画像として読み取った手書き数字「1」、「2」、「3」、「4」を識別する畳み込みニューラルネットワークを作成しましょう。ただし、正解ラベル付きの192枚の数字画像を訓練データとします。活性化関数はシグモイド関数を利用します。

(注) モノクロ(monochrome)画像とは単色（1色）の画像のことです。もっと具体的には白黒写真で撮られた画像のことです。

(注) 本章で用いる手書き数字の「1」〜「4」は、MNISTデータから192個をピックアップし、判別できる最小の解像度(9×9画素)に縮小したものです。付録Bに全データを掲載しました。

9×9画素のモノクロの手書き数字「1」、「2」、「3」、「4」の画像とは、たとえば次のようなものが例として挙げられます。

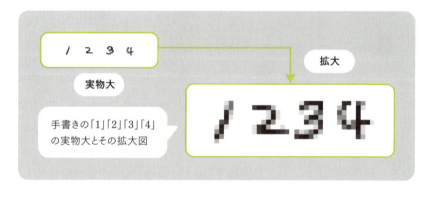

手書きの「1」「2」「3」「4」の実物大とその拡大図

4章で調べた4文字A、P、L、Eの画像よりも、実際の応用に近いデータです。

訓練データの確認

ここで、訓練データの確認をします。題意に示されるように読み取った手書きの文字「1」、「2」、「3」、「4」が、どのように画像メモリーに記録されているか、次に例示しましょう。

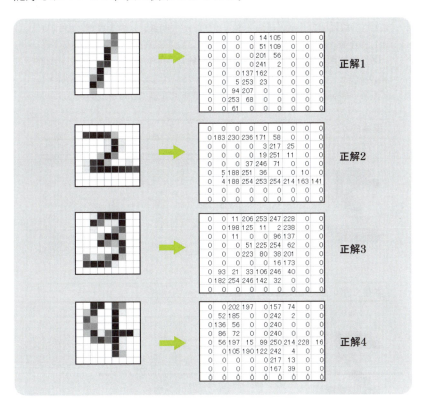

各画素には0〜255までの数字で割り振られています。値が大きくなるほど、対応する画素が濃くなります。

各画像には、その画像が何を表わしているかを示す正解ラベル（略して「正解」）が付けられています。畳み込みニューラルネットワークもニューラルネットワークの一つであり、教師あり学習を行なうからです。上記の画像例に示された「正解」はその数字を示します。

memo　MNIST データ

　MNIST（Mixed National Institute of Standards and Technologyの略、「エムニスト」と読む）とは28×28画素の手書き数字6万枚の訓練データと、1万枚のテスト用データからなる手書き数字画像データベースのことです。NISTとはアメリカ国立標準技術研究所で、この機関が用意してくれた見本データがMNISTなのです。

　なお、ここで画像の数値化の形式について確認させてもらいます。

　モノクロ画像は各画素に0〜255までの数値が割り振られ、明るさを表わします。標準では0が（暗い）黒を、255が（明るい）白を表現します。しかし、手書き数字との対応を画面上で調べるとき、それでは説明に不便です。

　そこで、本書では、白と黒の数値を反転して表示しています。フィルム写真のネガを示していると考えると、わかりやすいでしょう。このような変換をしても得られる結果は同じです。このことはすでに4章でも利用していました。

標準的なデータの数値化

本書で用いる明暗反転した数値化

2 畳み込みニューラルネットワークの入力層

~入力層の変数名は画像の位置に対応させる

畳み込みニューラルネットワークについても、その構造の基本は「入力層」「隠れ層」「出力層」の3層です。§1で提示した〔課題Ⅱ〕について、最初にその「入力層」を調べましょう。

入力層のユニットの名称

　入力層にあるユニットは、信号に何も処理を施しません。画素からの信号をそのままネットワークに取り入れ、そのまま出力します。これは4章で調べたニューラルネットワークのときと同様です。

　ネットワークを描くとき、入力層にあるユニットに名前を付ける必要があります。本章でも、アルファベットのXを用いることにします。

　さて、前章で調べたニューラルネットワークでは、入力層のユニットを区別するために、単純に1～20までの添え字をユニット名に配分しました。

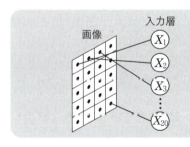

4章で利用した入力層の
ユニットの単純な命名法
（20は画素数）

　しかし、画素数が大きくなると、この命名法は単純すぎます。本章で扱う画素数は$9 \times 9 = 81$なので、81番までの番号をユニット名Xに添え字として付けることになり、見にくくなるからです。また、画像との対応が不明になってしまいます。

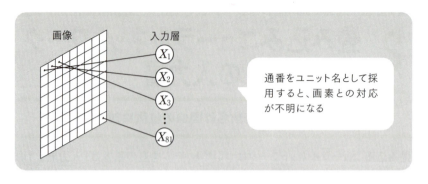

ましてや、1000万画素のデジタルカメラで撮影された画像を処理するとなると、このような命名法は現実的ではありません。

そこで、画像の i 行 j 列にある画素から信号を受け取る入力層のユニットには、X_{ij} という名称を付けることにします（i、j は 1 〜 9 までの整数）。

このように入力層のユニットに添え字の名称を付けることで、画素と入力層のユニットの対応が一目瞭然になります。

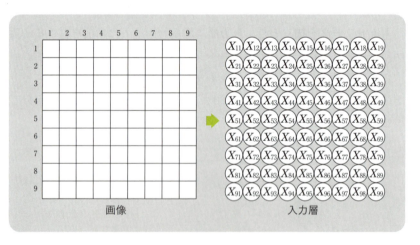

要するに、画素と入力層のユニットを同一視しているわけです。先にも述べたように、入力層のユニットは画素からの入力信号をそのまま出力します。そこで、同一視しても問題はないのです。

画素と入力層のユニットとを同一視することで、ニューラルネットワークの図がスッキリします。また、このように表現した方が、畳み込みニューラルネットワークの計算がしやすいというメリットも生まれます。

入力層のユニットの出力変数名

　先に見たように、入力層にあるユニットは、信号に何も処理を施しません。画素からの信号をそのままネットワークに取り入れ、それを出力します。4章で調べたニューラルネットワークと同一です。そこで、4章で調べた出力変数の命名法をそのまま利用しましょう。入力層にあるユニットの出力変数名は、ユニットの名称（大文字のX）を小文字にしたものと約束するのです。すなわち、次のように命名します。

> X_{ij}＝入力層i行j列にあるユニットの名称
> x_{ij}＝ユニットX_{ij}の出力変数名　　…(1)

　このことを次図で確認しましょう。

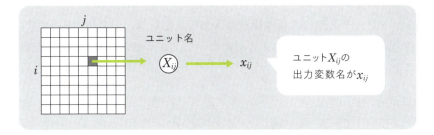

ユニット名
ユニットX_{ij}の出力変数名がx_{ij}

（例1）1行1列目の位置にある画素の信号を受けるユニットX_{11}の出力変数名はx_{11}とします。
　　　たとえば、1行1列の位置にある画素信号の値が128ならば、ユニットX_{11}の出力変数x_{11}の値は128。

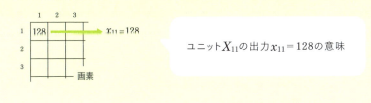

ユニットX_{11}の出力x_{11}＝128の意味

3 畳み込みニューラルネットワークの畳み込み層

～畳み込み層が畳み込みニューラルネットワークの要

一般的に、ディープラーニングの醍醐味は「畳み込み層」にあります。どのように隠れ層をつくり上げるのか、見てみましょう。

これまでのおさらい

§2に引き続いて、§1で提示した〔課題Ⅱ〕を調べます。

畳み込みニューラルネットワークも、4章で調べた単純なニューラルネットワークと同様、基本構造は入力層、隠れ層、出力層の3層です。前の節（§2）では、その入力層について、ユニット名とその出力変数名を確認しました。

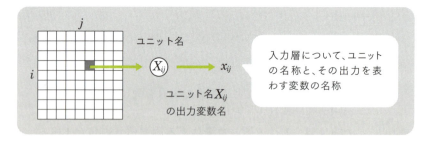

畳み込みニューラルネットワークは入力層を小分けに調べる

それでは、隠れ層について調べましょう。

最初に調べたように、単純なニューラルネットワークを実際の画像に適用すると、矢の数が膨大になります。それに伴い、重みの数も膨大になり、計算が困難になります。

その「膨大」の原因は、入力層のユニットと隠れ層のユニットがすべて結合されているからです（次図）。

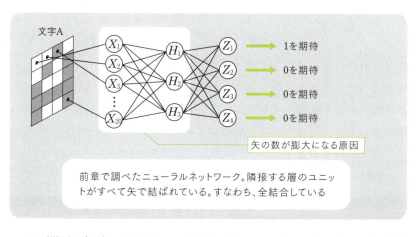

前章で調べたニューラルネットワーク。隣接する層のユニットがすべて矢で結ばれている。すなわち、全結合している

　この問題を解決する手段として畳み込みニューラルネットワークが採用した方法が、**「入力層のユニットを小分けにして調べる」方法**です。

　入力層のユニットを「小分け」すれば、隠れ層のユニットが調べる矢の本数が少なくて済みます。全体を一度に調べるのではなく、視野を狭くしてブロック化して調べる、という方法を採用するのです。

　その小分けしたブロックが縦4×横4個のユニットの集まりとしましょう。すると、この区域にあるユニットから隠れ層の1個のユニットへ引く矢の数は4×4＝16本で済みます。

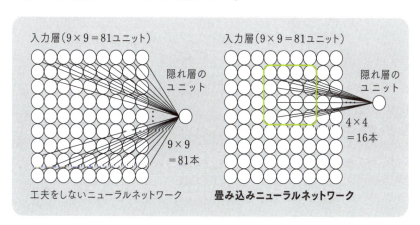

(注)実際の畳み込みニューラルネットワークでは、5×5の大きさを1区域とするのが普通です。サイズがどうであれ、しくみは同じです。

　この小分けした区域のことを、これからは単に「**ブロック**」と呼ぶこ

とにします。このブロックに対して、隠れ層のユニットはニューラルネットワークのときと同じ処理を行ないます。すると、矢の数が少なくなった分、計算はラクになります。

ところで、大きな領域をブロック化して調べるには、隠れ層のユニットに動き回ってもらう必要があります。そうしないと、全体を調べられないからです。そこで、隠れ層のユニットは「動くユニット」というイメージで理解されます。

(注) 2章では、この様子を「ニューロンロボットが足を持つ」と表現しました。

ブロック数は36個

では、隠れ層の「動くユニット」に少しずつ動いてもらいましょう。ブロックの大きさを 4×4 個の大きさとします。次図から〔課題Ⅱ〕で調べる画像では 6×6（$= 36$）個のブロックが存在することになります。

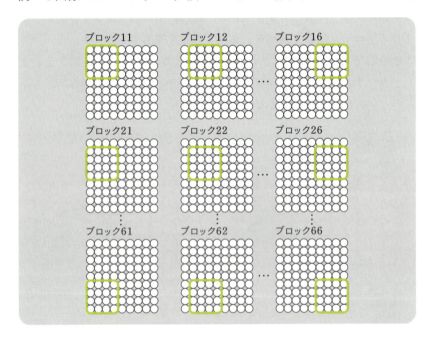

この図に示すように、各ブロックのブロック名を順次11、12、…、16、21、…、66と約束することにします。

(注) ブロック16の次はブロック21であることに留意してください。

これらの各ブロックに対して、隠れ層の「動くユニット」がどのような処理をするか、順次調べていくことにします。

フィルター

先に「ブロックに対して、隠れ層のユニットはニューラルネットワークのときと同じ処理を行なう」と記述しました。そのためには、「重み」と「閾値」を用意しなければなりません。

いま、次図のように、一つのブロックを取り出してみましょう。隠れ層の「動くユニット」は、ニューラルネットワークのときと同様、ブロックの中の各ユニットからの矢に「重み」を課して処理します。

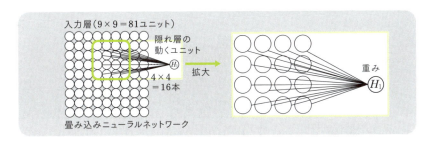

さて、図でわかるように、「重み」の名付け方には工夫が必要です。どの矢にどの重みが対応しているか、見にくくなるからです。そこで、ブロックの中のユニットに合わせて、「重み」を次のように格子状に並べ、wに行と列の添え字を付けて示すことにします。

フィルター。重みwには格子の各欄の場所を付加

この図に示した「重み」の1セットを**フィルター**（filter）と呼びます。このフィルターは小分けされたブロックすべてに共通です。

さて、隠れ層には3個の「動くユニット」H_1、H_2、H_3があるとしましょう。

(注) この「3個」は畳み込みニューラルネットワークの設計者が決めます。

149

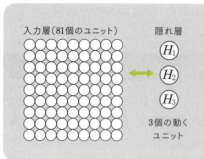

「動くユニット」H_1、H_2、H_3は、それぞれフィルターを持つことになります。そこで、フィルターは3種になります。それを次図のように、F1、F2、F3の上付き文字で区別することにしましょう。

フィルター1	フィルター2	フィルター3
$w^{F1}_{11}\ w^{F1}_{12}\ w^{F1}_{13}\ w^{F1}_{14}$ $w^{F1}_{21}\ w^{F1}_{22}\ w^{F1}_{23}\ w^{F1}_{24}$ $w^{F1}_{31}\ w^{F1}_{32}\ w^{F1}_{33}\ w^{F1}_{34}$ $w^{F1}_{41}\ w^{F1}_{42}\ w^{F1}_{43}\ w^{F1}_{44}$	$w^{F2}_{11}\ w^{F2}_{12}\ w^{F2}_{13}\ w^{F2}_{14}$ $w^{F2}_{21}\ w^{F2}_{22}\ w^{F2}_{23}\ w^{F2}_{24}$ $w^{F2}_{31}\ w^{F2}_{32}\ w^{F2}_{33}\ w^{F2}_{34}$ $w^{F2}_{41}\ w^{F2}_{42}\ w^{F2}_{43}\ w^{F2}_{44}$	$w^{F3}_{11}\ w^{F3}_{12}\ w^{F3}_{13}\ w^{F3}_{14}$ $w^{F3}_{21}\ w^{F3}_{22}\ w^{F3}_{23}\ w^{F3}_{24}$ $w^{F3}_{31}\ w^{F3}_{32}\ w^{F3}_{33}\ w^{F3}_{34}$ $w^{F3}_{41}\ w^{F3}_{42}\ w^{F3}_{43}\ w^{F3}_{44}$

以上のまとめとして、あるブロックにフィルター1が重みを課すイメージを示しましょう。

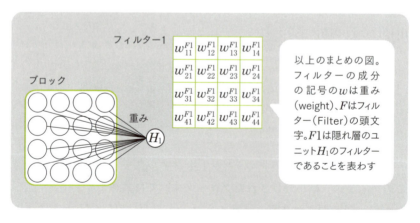

ところで、隠れ層の「動くユニット」H_kは、「敏感度」を表わす個性として閾値も持ちます。その閾値を、フィルター名の形式に合わせてθ^{Fk}

と表現することにします。k は隠れ層のユニットの番号ですが、フィルターの番号とも一致します。

隠れ層のユニット H_k に関するフィルターと閾値の記号を図にまとめましょう。

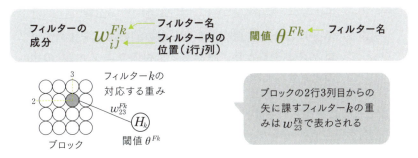

フィルターによる計算

繰り返しますが、入力層の各ブロックに対して、隠れ層のユニットは4章で調べたニューラルネットワークのときと同じ処理を行ないます。

具体的に、隠れ層の1番目のユニット H_1 が、入力層のブロック11をどのように扱うかを調べてみましょう。

まず、扱う記号名の位置関係を次図で確認します（入力層のユニット名には、その出力を表示しています）。

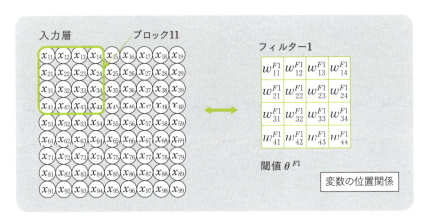

ブロック11に対する処理の仕方はニューラルネットワークと同じなので、ユニット H_1 に関する「入力の線形和」s_{11}^{F1} は次のように表わせます。

$$s_{11}^{F1} = w_{11}^{F1} x_{11} + w_{12}^{F1} x_{12} + w_{13}^{F1} x_{13} + \cdots + w_{44}^{F1} x_{44} - \theta^{F1} \cdots (1)$$

すると、このブロックに関する隠れ層のユニット H_1 の出力 h_{11}^{F1} は、活性化関数にシグモイド関数 σ を用いて、次のように表わせます。

$$h_{11}^{F1} = \sigma(s_{11}^{F1}) \cdots (2)$$

〔例題1〕小分けした地区66（148ページの図参照）を入力のブロックとするとき、隠れ層2番目のユニット H_2 の出力 h_{66}^{F2} を式で表現しましょう。

（解）地区66からこのユニット H_2 への「入力の線形和」s_{66}^{F2} は次のように求められます。

$$s_{66}^{F2} = w_{11}^{F2} x_{66} + w_{12}^{F2} x_{67} + w_{13}^{F2} x_{68} + \cdots + w_{44}^{F2} x_{99} - \theta^{F2} \cdots (3)$$

すると、このユニットの出力 h_{66}^{F2} は次の値になります。

$$h_{66}^{F2} = \sigma(s_{66}^{F2}) \cdots (4)$$

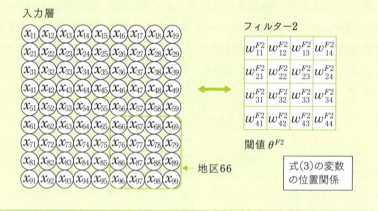

(注) 入力層のユニット名は出力の変数名を利用しています。

式(1)～(4)のつくり方さえ理解していれば、一般化は容易でしょう。

結果を公式としてまとめておきます。添え字が多く見にくい式ですが、式のつくり方のイメージが理解されていれば理解は容易です。

隠れ層のユニット H_k が入力層のブロック ij を入力とするとき、その線形和 s_{ij}^{Fk}、出力 h_{ij}^{Fk} は次のように表わせる。

$$s_{ij}^{Fk} = w_{11}^{Fk} x_{ij} + w_{12}^{Fk} x_{ij+1} + w_{13}^{Fk} x_{ij+2} + \cdots + w_{44}^{Fk} x_{i+3j+3} - \theta^{Fk}$$
$$\cdots (5)$$
$$h_{ij}^{Fk} = \sigma(s_{ij}^{Fk}) \quad \cdots (6)$$

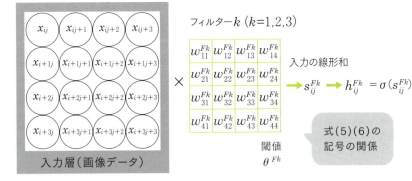

式(6)の算出結果 h_{ij}^{Fk} の意味

　各ブロックについての計算方法は、繰り返しますが、ニューラルネットワークの場合とまったく同じです。そこで、式(6)の算出結果は、4章で調べたニューラルネットワークのときと同じ意味を持ちます。両者を対比させて解釈してみましょう。

　最初は4章で調べたニューラルネットワークを考えます（4章§8）。

　ニューラルネットワークでは、隠れ層のユニット H_j の出力 h_j は、入力画像全体にどれだけユニット H_j の抽出した「特徴パターン」が含まれているかの「含有率」を表わします。視覚的にいえば「特徴パターン」との「類似度」ともいえるでしょう。

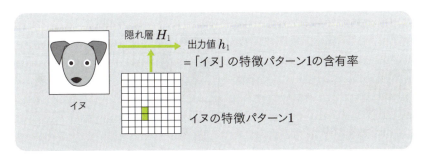

次に、畳み込みニューラルネットワークで考えます。

ニューラルネットワークと同じ計算方法で算出される式（6）の結果 h_{ij}^{Fk} は、対象のブロックに含まれる「フィルターkのパターン」の「含有率」と解釈できることになります。また、視覚的には、ブロックとフィルターとの「類似度」ともいえるでしょう。

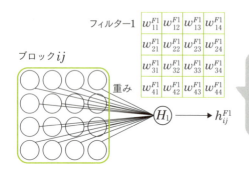

すなわち、フィルターのパターンは4章のニューラルネットワークで調べた特徴パターンと同一の働きをするのです！　畳み込みニューラルネットワークの畳み込み層は、ニューラルネットワークと同様に、画像から特徴パターンを**特徴抽出**することになるわけです。そして、そのフィルターが特徴パターンそのものになるのです。

ただし、ニューラルネットワークのときとは大きな違いがあります。

ニューラルネットワークのときは、1個のユニットが画像全体から1つの特徴パターンを抽出しました。

それに対して、畳み込みニューラルネットワークの場合、1つのフィルターが1つのブロックから1つの特徴パターンを抽出しているのです。

（注）4章でも調べたように、特徴パターンを一般的に**特徴量**と呼びます。

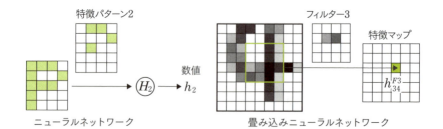

特徴マップ

　隠れ層にある「動くユニット」H_k（本章では $k = 1, 2, 3$）が算出する出力をまとめましょう。

　具体例として、「動くユニット」H_1 について考えます。

　「動くユニット」H_1 は、ブロック11～ブロック66について、公式（5）、（6）で示した計算を行ない、計算結果 $h_{ij}^{F_1}$（$i = 1, 2, \cdots, 6, j = 1, 2, \cdots, 6$）を出力します。それをダラダラ並べられても見にくいものになります。次のように表に並べましょう。この $6 \times 6 = 36$ の欄を持つ表を**特徴マップ**といいます。

$h_{11}^{F_1}$	$h_{12}^{F_1}$	$h_{13}^{F_1}$	$h_{14}^{F_1}$	$h_{15}^{F_1}$	$h_{16}^{F_1}$
$h_{21}^{F_1}$	$h_{22}^{F_1}$	$h_{23}^{F_1}$	$h_{24}^{F_1}$	$h_{25}^{F_1}$	$h_{26}^{F_1}$
$h_{31}^{F_1}$	$h_{32}^{F_1}$	$h_{33}^{F_1}$	$h_{34}^{F_1}$	$h_{35}^{F_1}$	$h_{36}^{F_1}$
$h_{41}^{F_1}$	$h_{42}^{F_1}$	$h_{43}^{F_1}$	$h_{44}^{F_1}$	$h_{45}^{F_1}$	$h_{46}^{F_1}$
$h_{51}^{F_1}$	$h_{52}^{F_1}$	$h_{53}^{F_1}$	$h_{54}^{F_1}$	$h_{55}^{F_1}$	$h_{56}^{F_1}$
$h_{61}^{F_1}$	$h_{62}^{F_1}$	$h_{63}^{F_1}$	$h_{64}^{F_1}$	$h_{65}^{F_1}$	$h_{66}^{F_1}$

> ユニット H_1 が作成した特徴マップ。各欄の値は、フィルター1との「類似度」を示している

　隠れ層には3個の「動くユニット」H_1、H_2、H_3 が仮定されています。これら各ユニットは別々に特徴マップを算出するので、特徴マップは総計3枚になります。この特徴マップのセットを**畳み込み層**といいます。

畳み込み層

> フィルターごとの特徴マップを層にしたものが畳み込み層

隠れ層の3個の「動くユニット」の活躍した結果がこの3枚の表です。入力層をブロック化し「重み」の個数を少なくした分、出力は3枚の表となります（ちなみに、4章で調べたニューラルネットワークでは、3つの値でした）。

フィルターはパラメーターを節約

フィルターを利用して畳み込み層を作成するメリットは「パラメーターの数を少なくするため」と説明してきました。実際、ニューラルネットワークと畳み込みニューラルネットワークについて、隠れ層で利用するパラメーター数を比較してみましょう。

パラメーター	ニューラルネットワーク	畳み込みニューラルネットワーク
重み	$3 \times (9 \times 9) = 243$個	$3 \times (4 \times 4) = 48$個
閾値	3個	3個
計	246個	51個

(注)フィルターの各成分は重みと見なしています。

たかだか9×9画素からなる画像ですら、フィルターの導入はこんなにもパラメーターの数を減少させてくれます。いわんや、1000万画素級からなる実際の画像の処理を考えると、フィルターの効果は絶大であることがわかります。フィルターを導入すると、このように効率的な情報の圧縮が可能になるのです。

フィルターはネットワークの構造をシンプルにする

「パラメーター数の節約」と同様に大切なことがあります。フィルターを導入すると、隠れ層のユニットが節約できるのです。

この節約効果の話をするには、ニューラルネットワークの特徴抽出のしくみについて復習する必要があります。

4章で調べたように、単純なニューラルネットワークは1個のユニットが全体を見て、「特徴パターン」を作成します。そのパターンから画像が何であるかを識別しているのです。その例として、次の2つの図を

見てください。

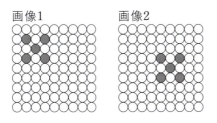

同一パターン「×」が位置を変えて存在するだけの画像

　左右は違う画像ですが、基本的に同一のパターン「×」が位置を変えて存在するだけの画像です。

　いま確認したように、単純なニューラルネットワークは、隠れ層のユニットが画像全体を調べます。そこで、同一のパターン「×」でも、場所が異なると、異なる「特徴パターン」と見なしてしまいます。

　ところで、ニューラルネットワークは、異なる特徴パターンを抽出するのに異なるユニットを必要とします。そのため、同一の特徴パターン「×」であっても、別のユニットを用意しなければならないのです。

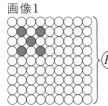 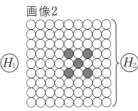

単純なニューラルネットワークは、特徴抽出に異なるユニット H_1、H_2 が必要

　それに対して、畳み込みニューラルネットワークは1つのフィルターで済みます。次のフィルターを用意し、「動くユニット」にスキャンしてもらえばよいからです。

上記の2つのパターンは、このフィルター1つで探すことができる

　スキャンの結果、「同一の特徴パターンがある」ことが報告されます。このユニットの節約という効率性も、情報圧縮と同様、畳み込みニューラルネットワークの大切な性質となります。

4 畳み込みニューラルネットワークのプーリング層

～畳み込み層の情報をさらに圧縮するのがプーリング層

前節（§3）では、畳み込み層では、画素情報が圧縮されることを調べました。本節では、プーリング層でさらに圧縮します。

これまでのおさらい

これまでと同様、§1で提示した〔課題Ⅱ〕を調べることにします。

前の節（§3）では、畳み込み層のつくり方を調べました。入力層の画像に含まれるフィルターのパターンの含有率（類似度）を特徴マップとして整理しているのです。

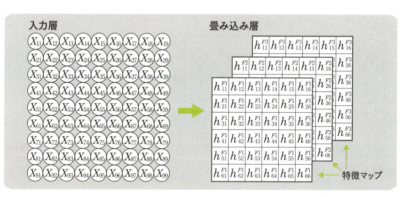

本節では、隠れ層のもう一つのパートナーであるプーリング層について調べましょう。

プーリング層

畳み込み層は「特徴マップ」から構成されています。このマップの各成分は、上記のように、入力層のブロックに含まれる「フィルターのパターン」の含有率を表わします。簡単にいえば、各成分はブロックとフィ

ルターとの類似度を表わします。すなわち、ブロックの情報を「含有率」「類似度」として、一つの数値に圧縮しているのです。

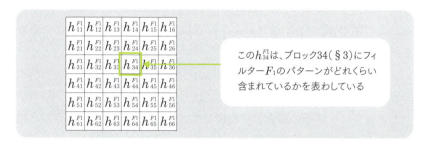

この$h^{F_1}_{34}$は、ブロック34（§3）にフィルターF_1のパターンがどれくらい含まれているかを表わしている

しかし、実際の画像を扱うときには、まだまだ情報量は多すぎます。そこで、さらに情報の圧縮が必要です。それがプーリング層の役割です。

例として、隠れ層の「動くユニット」H_1が作成する特徴マップを見てみましょう。前節で調べたように、この表は6×6の成分を持ちます。それを次図のように2×2の区画に分割してみます。

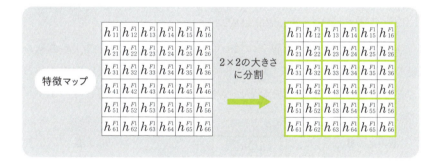

そして、各区画の最大値を、その区画の代表値として採用します。こうして得られるのが**プーリングテーブル**です。

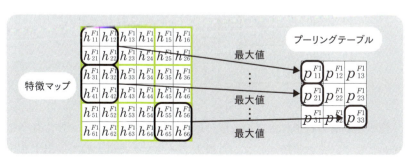

図からわかるように、この操作をすることで情報量は4分の1に圧縮されることになります。

式で示してみましょう。数学で利用される最大値記号Maxを用いると、上の図のp_{11}^{F1}、p_{33}^{F1}は次のように表現できます（他の区画についても同様です）。

$p_{11}^{F1} = \text{Max}\,(h_{11}^{F1},\ h_{12}^{F1},\ h_{21}^{F1},\ h_{22}^{F1}) \cdots (1)$

$p_{33}^{F1} = \text{Max}\,(h_{55}^{F1},\ h_{56}^{F1},\ h_{65}^{F1},\ h_{66}^{F1})$

このように、区画の最大値を利用して、畳み込み層の情報をさらに縮約する方法を**最大プーリング**（max pooling）と呼びます。

（例） 次図の左が特徴マップ、右が最大プーリングの結果です。

特徴マップ					
0.00	0.01	0.05	0.59	1.00	1.00
0.00	0.00	0.00	1.00	1.00	0.79
0.00	0.00	0.93	0.94	0.01	0.96
0.00	0.98	0.30	0.15	0.99	1.00
0.39	1.00	1.00	1.00	1.00	0.30
0.57	1.00	1.00	0.48	0.00	0.00

最大プーリング →

プーリングテーブル

0.01	1.00	1.00
0.98	0.94	1.00
1.00	1.00	1.00

以上の操作を畳み込み層全体について実施してみましょう。畳み込み層の3枚の特徴マップは、大きさ3×3（＝9）の3枚の表に縮約されることになります。この新たな表がつくる層を**プーリング層**と呼びます。

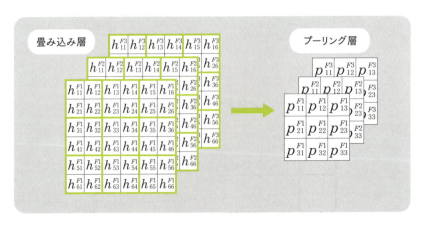

畳み込み層の特徴マップの各成分は、フィルターパターンの含有率を表わします。その特徴マップから最大プーリングで最大値を選出すると

いうことは、フィルターの含有率を濃縮することを意味します。畳み込みニューラルネットワークはこのようにして情報を凝縮していくのです。

イメージ的な意味を図に示してみましょう。図で、色が濃くなるほど、情報が圧縮されていくイメージを表わします。

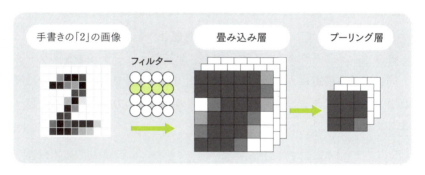

> **memo　プーリング法いろいろ**
>
> 本節の解説では、プーリングの方法として最大プーリングを利用しました。**プーリング法**にはこれ以外にもいろいろあります。有名なものを次の表に記載します。
>
> | 最大プーリング | 対象の領域の最大値を採用する縮約法 |
> |---|---|
> | 平均プーリング | 対象の領域の平均値を採用する縮約法 |
> | L2プーリング | たとえば4つの出力$a_1、a_2、a_3、a_4$ に対して $\sqrt{a_1^2 + a_2^2 + a_3^2 + a_4^2}$ を採用する縮約法。 |

5 畳み込みニューラルネットワークの出力層

～出力層のユニットは正解への確信度を表わす

畳み込みニューラルネットワークの出力層について調べましょう。この層の働きはニューラルネットワークの場合と同じです。ネットワーク全体の結論部分です。

課題の確認とこれまでのまとめ

§4に引き続いて、§1で提示した〔課題Ⅱ〕を調べます。

畳み込みニューラルネットワークも、単純なニューラルネットワークと同様、基本構造は入力層、隠れ層、出力層の3層です。これまでに隠れ層まで調べてきました。本節では、次の層の「出力層」について調べましょう。

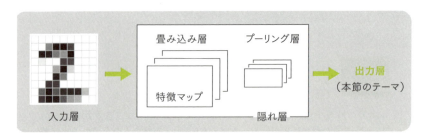

出力層はニューラルネットワークと同じ機能

出力層の働きは4章で調べたニューラルネットワークの場合と同じです。隣のプーリング層からの情報をまとめ、ネットワーク全体の判断を出力します。

〔課題Ⅱ〕は手書き数字「1」～「4」の識別です。そこで、出力層は4個のユニットから成り立ちます。そのユニット名をZ_1、Z_2、Z_3、Z_4

とし、それらの出力をz_1、z_2、z_3、z_4と表わすことにします。

例として、正解が「1」の手書きの数字が読み込まれたとしましょう。

4章で調べたニューラルネットワークの場合と同様、出力層1番目のユニットZ_1は、数字「1」が入力されたときに反応し、他は無視する働きをします。

2番目のユニットZ_2は、数字「2」が入力されたときに反応し、他は無視する働きをします。3、4番目のユニットZ_3、Z_4についても同様です。

さて、〔課題Ⅱ〕の題意から、出力層のユニットはシグモイドニューロンです。すると、4章のニューラルネットワークで調べたことですが、ユニットZ_1、Z_2、Z_3、Z_4の出力を次のように解釈できます。

「画像が担当する文字と思える確信度」

ユニットZ_1、Z_2、Z_3、Z_4は出力として「1」、「2」、「3」、「4」のどれであるかの確信度を算出すると考えるわけです。

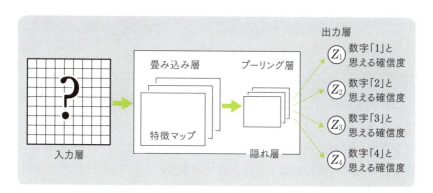

出力層とプーリング層は全結合で結ばれる

4章で調べた単純なニューラルネットワークにおいては、出力層のユニットと隣接する隠れ層の出力とは全結合しました。同様に、畳み込みニューラルネットワークにおいても、出力層のユニットと、それに隣接するプーリング層の各成分とは全結合します。

このような形態をとることで、隠れ層の行なった「特徴抽出」の結果を活かすことができるのです。それは4章で調べた単純なニューラルネットワークのときと同じしくみです。

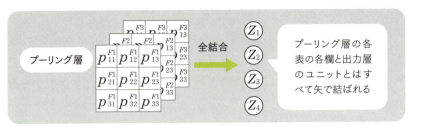

具体的に式で表現してみましょう。次の〔例題〕を見てください。

〔例題1〕 §1で提示した〔課題Ⅱ〕において、出力層1番目のユニット Z_1 に関して、入力の線形和 s_1^O と出力 z_1 を具体的に書き下してみましょう。

(解) 入力の線形和とその出力の定義から次のように書き下せます。

$s_1^O = w_{1\text{-}11}^{O1} p_{11}^{F1} + w_{1\text{-}12}^{O1} p_{12}^{F1} + \cdots + w_{1\text{-}33}^{O1} p_{33}^{F1}$
$\quad + w_{2\text{-}11}^{O1} p_{11}^{F2} + w_{2\text{-}12}^{O1} p_{12}^{F2} + \cdots + w_{2\text{-}33}^{O1} p_{33}^{F2}$
$\quad + w_{3\text{-}11}^{O1} p_{11}^{F3} + w_{3\text{-}12}^{O1} p_{12}^{F3} + \cdots + w_{3\text{-}33}^{O1} p_{33}^{F3} - \theta^{O1} \cdots (1)$
$z_1 = \sigma (s_1^O) \quad$ (σ はシグモイド関数) $\cdots (2)$

この例題の式 (1) において、1行目の和は、1枚目のプーリングテーブルとユニット Z_1 との全結合を表わします。2行目の和は、2枚目のプーリングテーブルとユニット Z_1 との全結合を表わします。3行目も同じですが、最後に閾値の計算も付与されています。

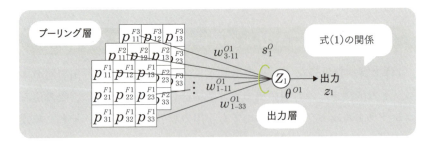

式 (1) における重みと閾値の記号の確認ですが、係数 $w_{k\text{-}ij}^{O1}$ はユニット Z_1 が k 枚目のプーリングテーブルの i 行 j 列目にある値に課す重みです。また、θ^{O1} は出力層1番目のユニットが持つ閾値です。

重み $w^{o1}_{2\text{-}13}$

- $o1$ は出力層の1番目のニューロン
- 2はプーリング層の表の番号
- 13はプーリング層の表の行番号と列番号

重みの意味

式 (1)、(2) の外見は複雑でも、全結合なので、式の関係は明瞭でしょう。この式 (1)、(2) のつくり方さえ理解していれば、一般化は容易です。結果を公式としてまとめておきます。

> 出力層のユニット Z_n について、入力の線形和を s^O_n、出力を z_n とすると、それらは次のように表わせる。
>
> $$s^O_n = w^{On}_{1\text{-}11} p^{F1}_{11} + w^{On}_{1\text{-}12} p^{F1}_{12} + \cdots + w^{On}_{2\text{-}11} p^{F2}_{11} + w^{On}_{2\text{-}12} p^{F2}_{12} + \cdots$$
> $$+ w^{On}_{3\text{-}11} p^{F3}_{11} + w^{On}_{3\text{-}12} p^{F3}_{12} + \cdots - \theta^{On} \quad \cdots (3)$$
> $$z_n = a\left(s^O_n\right) \quad (a は活性化関数) \cdots (4)$$

(注) 本書では活性化関数 a としてシグモイド関数を用います。

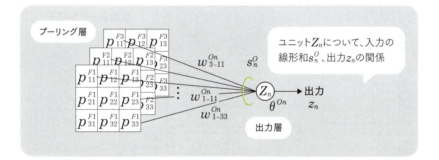

入力層から出力層までまとめよう

以上で〔課題Ⅱ〕に対する畳み込みニューラルネットワークの骨組みが完成しました。ディープラーニングにおいて、畳み込みニューラルネットワークは中心的で基本となる概念です。この節を終えるにあたって、これまでバラバラに調べてきたことを統合してみましょう。

最初にユニットと層の関係を見てみましょう。

(注) 入力層のユニット名は出力の変数名を利用しています。

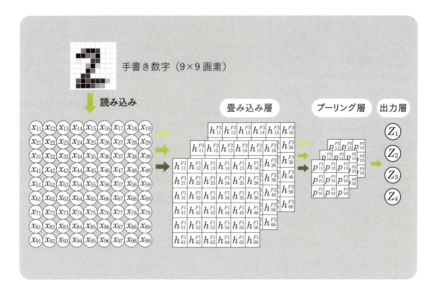

次に、変数の関係を見てみましょう。

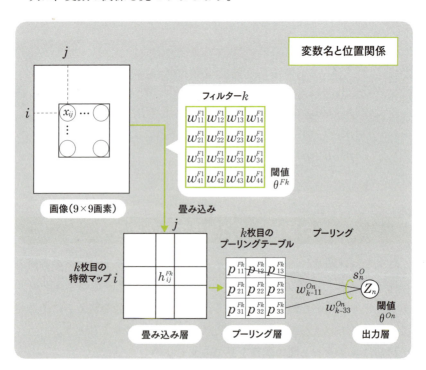

以上の図の中で用いられた入力と出力の変数、及びパラメーター（重みと閾値）の名称を表にまとめておきます。

入力と出力の変数	x_{ij}	入力層i行j列にあるユニットの出力を表わす変数。通常、入力層はデータ加工をしない。
	h_{ij}^{Fk}	畳み込み層のk枚目のi行j列にある成分。
	z_n	出力層n番目のユニットの出力を表わす変数。
	s_{ij}^{Fk}	入力層を小分けしたとき、そのijブロックに関する隠れ層k番目の「動くユニット」の「入力の線形和」。
	s_n^O	出力層n番目のユニットの「入力の線形和」。
	p_{ij}^{Fk}	プーリング層にあるk枚目のプーリングテーブルのi行j列成分。
パラメーター	w_{ij}^{Fk}	隠れ層k番目のユニットが用いるフィルターのi行j列成分。
	$w_{k\text{-}ij}^{On}$	出力層のn番目のユニットがプーリング層のk枚目の表（プーリングテーブル）のi行j列成分に課す重み。
	θ^{Fk}	隠れ層k番目のユニットの閾値。
	θ^{On}	出力層n番目にあるユニットの閾値。

　本書では、畳み込み層とプーリング層について、各々1層だけを考えています。しかし、しくみからわかるように、この操作は何回でも繰り返せます。現実的な画像処理の場合、畳み込み層とプーリング層は何重にもなっています。そうすることで、1000万画素のデジタルカメラの映像が畳み込みニューラルネットワークで分析できるのです。このことは、既に2章§6でも触れました。

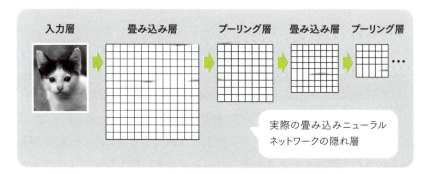

実際の畳み込みニューラルネットワークの隠れ層

6 畳み込みニューラルネットワーク の目的関数

～目的関数を最小化することが
畳み込みニューラルネットワークの「学習」

畳み込みニューラルネットワークを決定する変数の関係を調べてきました。本節ではそれらの変数の決定法について調べましょう。

課題の確認とこれまでのまとめ

引き続いて§1で提示した〔課題Ⅱ〕を調べます。

この課題を解決する畳み込みニューラルネットワークについて、前の節（§5）では出力層の出力の意味と算出法を調べました。

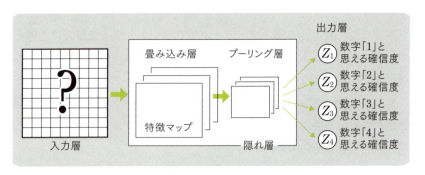

本節では、与えられた訓練データから、このネットワークのパラメーター（すなわちフィルター、重み、閾値）を決定するしくみを調べます。

出力層の出力の確認

前の節（§5）で調べたように、出力層のユニット Z_n（$n = 1, 2, 3, 4$）は、手書き数字 n がネットワークに入力されたとき反応し、n 以外が入力されたとき無視する働きを持っています。そして、シグモイドニューロンを利用するなら、その反応は「確信度」と解釈できることを調べました（上の図）。

たとえば、手書き数字（正解が「1」）が入力されたとしましょう。このとき、ユニット Z_1 は1を出力し、他の数字のときには0を出力されることが理想です。

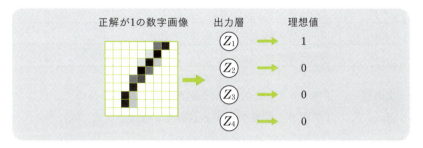

一般的な場合を表にしてまとめましょう。

出力層の出力	理想値			
	画像が1	画像が2	画像が3	画像が4
Z_1	1	0	0	0
Z_2	0	1	0	0
Z_3	0	0	1	0
Z_4	0	0	0	1

正解の表現法の確認

ニューラルネットワークを決定するデータには正解ラベル（略して「正解」）が付けられています。手書き数字画像が何を表わしているかを示すラベルです。

手書き数字の画像が2であることをコンピューターに教えるためには、正解情報「2」が必要

さて、単純なニューラルネットワークのときに調べたように（4章）、正解ラベルの値は次の表のように正解変数として表現できます。そうすることで、数学的に扱いやすくなり、またコンピューターにおいてプログラミングしやすくなるからです。

正解変数	意味	手書き画像			
		1	2	3	4
t_1	1の正解変数	1	0	0	0
t_2	2の正解変数	0	1	0	0
t_3	3の正解変数	0	0	1	0
t_4	4の正解変数	0	0	0	1

次の図は、正解が「1」の数字画像が読み込まれた場合です。ユニット $Z_1 \sim Z_4$ の理想値が正解変数で表わされています。

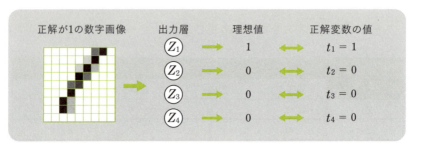

要するに、正解変数の値は出力層のユニットの出力の理想値を表わしていることになります。

算出値と正解との誤差の表現

正解変数の値が出力層のユニットの出力の理想値を表わしていることから、1枚の手書き数字画像がネットワークに入力されたとき、ネットワークが算出した計算値と正解との誤差 e は次のように表わせることがわかります。これを**平方誤差**と呼びます。

$$e = (t_1 - z_1)^2 + (t_2 - z_2)^2 + (t_3 - z_3)^2 + (t_4 - z_4)^2 \quad \cdots (1)$$

(注) 多くの文献には、この式(1)に係数1/2が付いています。それは微分計算を簡潔にするためです。

誤差を「理想値と計算値の差の平方」で表わすというアイデアは、すでに4章§6で詳しく調べました。

```
出力層    出力値    平方誤差C      正解
 Z₁   →   z₁   →   (t₁ - z₁)²  ←   t₁
 Z₂   →   z₂   →   (t₂ - z₂)²  ←   t₂
 Z₃   →   z₃   →   (t₃ - z₃)²  ←   t₃
 Z₄   →   z₄   →   (t₄ - z₄)²  ←   t₄
```

畳み込みニューラルネットワークの出力と正解変数の関係。t_1、t_2、t_3、t_4は数字画像に付加された正解変数の値

目的関数 E を求める

式（1）で定義された算出値と正解との誤差は、一つの数字画像が読み込まれた場合の表現です。訓練データ全体で考えるとき、これを加え合わせなければなりません。

式（1）から求めたk番目の手書き数字画像についての平方誤差をe_kと表わすとしましょう。すると、訓練データ全体についての平方誤差の総和は、次のように表わされます。

$$E = e_1 + e_2 + \cdots + e_{192} \quad \cdots (2)$$

（注）192は［課題Ⅱ：p.140］の題意にある画像枚数です。

（2）で与えられた平方誤差の総和Eを、畳み込みニューラルネットワークの学習のための**目的関数**といいます。これはフィルターと重み、閾値の関数です。

この目的関数Eを最小化することが次の課題になります。

7 畳み込みニューラルネットワークの「学習」

～目的関数を最小にするフィルター、重み、閾値を実際に求める

畳み込みニューラルネットワークはフィルターと重み、閾値によって確定します。ここではExcelを用いて実際にそれらを決定しましょう。

課題の確認とこれまでのまとめ

引き続いて、§1で提示した〔課題Ⅱ〕を調べます。

この課題を解決する畳み込みニューラルネットワークについて、前の節（§6）では目的関数を算出しました。

目的関数 $E = e_1 + e_2 + \cdots + e_{192}$ … (1)

本節では、この目的関数 E を利用して、与えられた訓練データから、畳み込みニューラルネットワーク（CNN）を決定しましょう。

畳み込みニューラルネットワークの「学習」

目的関数 E はフィルターと重み、閾値の関数です。4章の「ニューラルネットワーク」のときに調べたように、これらのパラメーターは目的関数 E を最小にすることで決定されます。E が理論値と正解とのズレの総和を表わしているからです。この E の最小化の操作をAIの世界では「学習する」ということは、何度か調べてきました。

畳み込みニューラルネットワークの理論のしくみを調べるという意味では、これで話は終了です。残る作業は、この目的関数 E を最小化するパラメーターを実際に決定することです。

パラメーターの決定には、7章で調べる「誤差逆伝播法」を用いるのが普通です。しかし、早く結論を見たいので、よく知られているExcelを利用して決定しましょう。

Excelで「学習」実行

　ニューラルネットワークのときと同様、Excelを用いると〔課題Ⅱ〕も容易に処理できます。それでは、ステップを追いながら、実際に計算してみましょう。

①パラメーターの初期値を設定します。

　重み（フィルターも含む）と閾値の初期値を、次図のようにセットします。

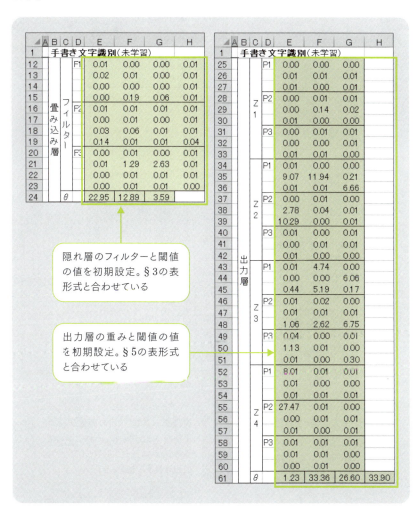

隠れ層のフィルターと閾値の値を初期設定。§3の表形式と合わせている

出力層の重みと閾値の値を初期設定。§5の表形式と合わせている

②訓練データを読み込み、ユニット間の関係式を埋め込みます。

　訓練データをワークシートに読み込みます。そして、§3〜5で得られたユニット間の関係式をセルに埋め込みます。

　次図は、最初の手書き画像だけの処理を掲載しています。これを横方向に、題意の192枚分コピーし、全画像について同様の処理をします。

L12 =1/(1+EXP(-SUMPRODUCT($E$12:$H$15,L2:O5)+$E$24))

手書き文字識別（未学習）　　　　番号 | 1

入力層（L〜T列）

#	L	M	N	O	P	Q	R	S	T
2	0	0	0	0	14	105	0	0	0
3	0	0	0	0	51	109	0	0	0
4	0	0	0	0	201	56	0	0	0
5	0	0	0	0	241	2	0	0	0
6	0	0	0	137	162	0	0	0	0
7	0	0	5	253	23	0	0	0	0
8	0	0	94	207	0	0	0	0	0
9	0	0	253	68	0	0	0	0	0
10	0	0	61	0	0	0	0	0	0

正解t（11行）： L=1, M=0, N=0, O=0

畳み込み層 フィルター（E〜H列）

#	F	E	F	G	H
12	F1	0.01	0.00	0.00	0.01
13		0.02	0.01	0.00	0.01
14		0.00	0.00	0.00	0.01
15		0.00	0.19	0.06	0.01
16	F2	0.01	0.01	0.01	0.01
17		0.00	0.01	0.00	0.01
18		0.03	0.06	0.01	0.01
19		0.14	0.01	0.01	0.04
20	F3	0.00	0.00	0.01	0.01
21		0.01	1.29	2.63	0.01
22		0.00	0.01	0.01	0.00
24	θ	22.95	12.89	3.59	

畳込層 出力（L〜Q列）

#	F	L	M	N	O	P	Q
12	F1	0.00	0.00	0.00	1.00	0.00	0.00
13		0.00	0.00	1.00	1.00	0.00	0.00
14		0.00	0.05	1.00	0.00	0.00	0.00
15		0.00	1.00	1.00	0.00	0.00	0.00
16		0.02	1.00	0.01	0.00	0.00	0.00
17		0.00	0.00	0.00	0.00		
18	F2	0.00	0.14	0.00	0.96	1.00	0.00
19		0.00	0.11	0.00	1.00	1.00	0.00
20		0.09	0.01	0.92	1.00	0.24	0.00
21		0.20	0.01	1.00	1.00	0.00	0.00
22		0.03	0.52	1.00	1.00	0.00	0.00
23		0.00	1.00	1.00	1.00	0.00	0.00
24	F3	0.03	0.45	1.00	1.00	0.00	0.10
25		0.05	0.89	1.00	1.00	1.00	0.06
26		0.24	0.97	1.00	1.00	0.93	0.03
27		0.79	1.00	1.00	1.00	0.20	0.03
28		1.00	1.00	1.00	1.00	0.06	0.03
29		1.00	1.00	1.00	0.34	0.03	0.03

Z1（E〜G列）

#	P	E	F	G
25	P1	0.00	0.00	0.00
26		0.01	0.01	0.01
27		0.01	0.00	0.01
28	P2	0.00	0.01	0.01
29		0.00	0.14	0.02
30		0.01	0.00	0.01
31	P3	0.00	0.01	0.01
32		0.00	0.00	0.01
33		0.01	0.01	0.01

Z2（E〜G列）

#	P	E	F	G
34	P1	0.01	0.00	0.00
35		9.07	11.94	0.21
36		0.01	0.01	6.66
37	P2	0.00	0.01	0.01
38		2.78	0.04	0.01
39		10.29	0.01	0.01
40	P3	0.00	0.01	0.01
41		0.00	0.01	0.01

プーリング層（L〜N列）

#	P	L	M	N
30	P1	1.00	1.00	1.00
31		1.00	1.00	1.00
32		1.00	0.01	0.00
33	P2	0.14	1.00	0.00
34		0.20	1.00	0.24
35		1.00	1.00	1.00
36	P3	0.89	1.00	1.00
37		1.00	1.00	0.93
38		1.00	1.00	0.06

出力層

#		z1	z2	z3	z4
39	出力層	z1	z2	z3	z4
40		0.27	0.20	0.00	0.00
41	誤差	0.57			

平方誤差 e を算出（§6）

訓練データの1枚目の画像データと正解を入力。さらに、それについて、畳み込みニューラルネットワークの出力を計算（§3〜§5）

7　畳み込みニューラルネットワークの「学習」

③目的関数の計算式を入力します。

各画像について得られた平方誤差eの総和E（すなわち目的関数）を算出します。

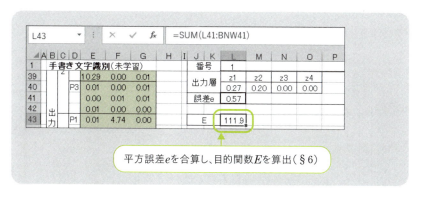

平方誤差eを合算し、目的関数Eを算出（§6）

④ソルバーを実行します。

次図のように目的関数、パラメーターを設定し、最小値計算を指示します。

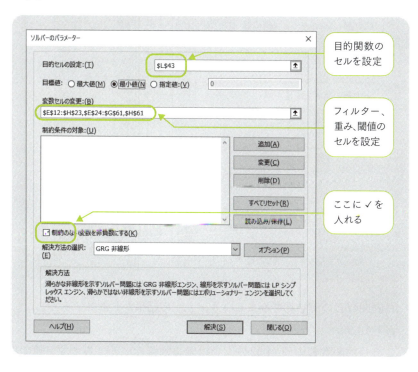

Excelの計算結果を見てみよう

　以上の準備のもとでソルバーを実行しましょう。次図のような結果が得られます。

(注) パソコンの性能や環境によっては30分以上を要する場合があります。

隠れ層のフィルターと閾値の値

		E	F	G	H
畳み込み層 フィルター	F1	0.00	0.00	0.00	0.00
		0.00	0.01	0.00	0.00
		0.00	0.00	0.00	0.00
		0.02	0.15	0.06	0.02
	F2	0.00	0.00	0.00	0.00
		0.00	0.01	0.00	0.01
		0.01	0.06	0.00	0.01
		0.14	0.00	0.01	0.02
	F3	0.00	0.01	0.00	0.00
		0.01	1.29	2.63	0.04
		0.01	0.01	0.01	0.00
		0.01	0.01	0.01	0.00
	θ	22.95	12.89	3.59	

出力層の重みと閾値の値

			E	F	G	H
出力層	Z1	P1	0.00	0.01	0.00	
			0.00	0.01	0.00	
			0.00	0.00	0.00	
		P2	0.00	0.00	0.01	
			0.00	0.13	0.00	
			0.00	0.01	0.00	
		P3	0.00	0.00	0.00	
			0.00	0.00	0.00	
			0.00	0.00	0.00	
	Z2	P1	0.00	0.00	0.00	
			9.07	11.94	0.22	
			0.00	0.01	6.66	
		P2	0.00	0.00	0.00	
			2.78	0.04	0.00	
			10.29	0.00	0.01	
		P3	0.01	0.00	0.01	
			0.00	0.01	0.01	
			0.00	0.00	0.01	
	Z3	P1	0.00	4.73	0.00	
			0.00	0.00	6.06	
			0.44	5.18	0.17	
		P2	0.00	0.02	0.00	
			0.00	0.00	0.00	
			1.07	2.62	6.75	
		P3	0.04	0.00	0.00	
			1.12	0.00	0.00	
			0.00	0.00	0.30	
	Z4	P1	8.01	0.01	0.01	
			0.01	0.00	0.00	
			0.00	0.00	0.01	
		P2	27.47	0.01	0.00	
			0.00	0.01	0.00	
			0.00	0.00	0.00	
		P3	0.01	0.01	0.01	
			0.01	0.00	0.00	
			0.00	0.01	0.00	
	θ		1.23	33.36	26.60	33.90

(注) 使用しているパソコンの環境によって結果が異なる場合があります。

　目的関数 E の値を見てみましょう。上記の結果から計算すると、

$$E = 74.32$$

　この目的関数 E の値74.32の大小の議論は難しいところです。値が0

〜255をとりうる画素数9×9＝81個の画像が192枚あるので、まずまずの値と考えてよいでしょう。

(注) ここで得た目的関数の値が最小であるという保証はありません。これは最適化問題の宿命です。

ちなみに、訓練データに対して算出した予測文字が正しく正解ラベルを予測した率（すなわち計算の正答率）は、左記の結果から計算すると、次の通りです。

正答率＝88%

仮定した畳み込みニューラルネットワークでは、フィルターを3枚しか用意していません。それを思えば、9割近い識別率はまずまずと考えられます。

試しに誤った識別をした訓練データを例示しましょう。

正しく判定できなかった訓練データ
（正答は「2」、計算では「4」と判定）

確かに、本章で調べたような簡単な畳み込みニューラルネットワークでは「判定が難しいだろう」と同情してしまう手書き数字です。

> **memo　AI開発言語**
>
> 　AIはコンピューターの上で動くプログラムです。プログラムはプログラミング言語を用いて開発されます。AIの開発で最も人気のあるプログラミング言語はPython（パイソン）です。開発に必要なツールがたくさん用意され、それを簡単に取り入れることができるからです。
> 　ところで、本章ではExcelを利用しています。Excelを利用するメリットは1個のユニットが1つのワークシート上のセルとして具体化できる点にあります。しかし、Excelにはさまざまな限界があります。本格的なAIを開発するには力不足です。Pythonなどに頼るほかありません。

8 畳み込みニューラルネットワークの「学習」結果の解釈

～フィルターが特徴パターンに一致することを確認

前の節（§7）で得たパラメーターの意味を調べてみましょう。4章で調べたニューラルネットワークの分析の知識が役立ちます。

フィルターの値を見てみる

畳み込み層で用いたフィルターの中身を見てみましょう。表の形式は§3の解説と一致しています。

フィルター1

0.00	0.00	0.00	0.00
0.00	0.01	0.00	0.00
0.00	0.00	0.00	0.00
0.02	0.15	0.06	0.02

フィルター2

0.00	0.00	0.00	0.00
0.00	0.01	0.00	0.01
0.01	0.06	0.00	0.01
0.14	0.00	0.01	0.02

フィルター3

0.00	0.01	0.00	0.01
0.01	1.29	2.63	0.04
0.01	0.01	0.01	0.01
0.01	0.01	0.01	0.00

各フィルターの中で、大きい値に○印をつけてみました。すると、これら3つのフィルターは、次のパターンに単純化されることがわかります。

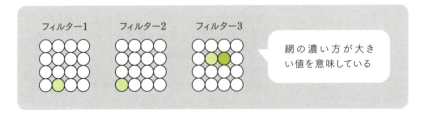

網の濃い方が大きい値を意味している

さて、これらのフィルターのパターンと合致したパターンを画像内に持っている手書き数字は「特徴マップ」に大きな値を書き出すことになります。「線形の入力和」が大きくなるからです。

(注) これはニューラルネットワークのときと同様です。その数学的なしくみについては、付録Iを参照しましょう。

その「特徴マップ」の情報はプーリングテーブルで濃縮され、出力層に大きな値を書き出します。出力層はその値を見て、入力画像が何であるかの判断を下すのです。要するに、フィルターのパターンそのものが、画像を識別するための特徴パターンになっているのです（§3）。

　次図はフィルター3を用いて、この論理の流れを調べています。

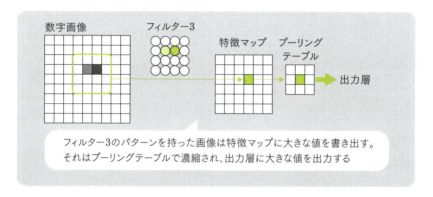

フィルター3のパターンを持った画像は特徴マップに大きな値を書き出す。それはプーリングテーブルで濃縮され、出力層に大きな値を出力する

　こうして、畳み込みニューラルネットワークが画像を識別するしくみが確認されました。**フィルターという道具を利用して、画像が何かを識別している**のです。これからは、このフィルター1～3を、順に特徴パターン1、特徴パターン2、特徴パターン3と呼ぶことにします。

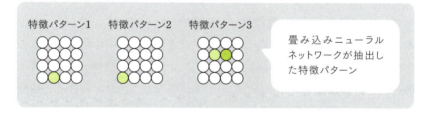

畳み込みニューラルネットワークが抽出した特徴パターン

　これも§3で調べましたが、畳み込みニューラルネットワークが画像データから特徴パターンを抽出することを**特徴抽出**といいます。

フィルターと出力層のユニットとの関係

　上記の特徴パターンは、それだけを見ても意味はわかりません。そこで、次に全体の結果を眺めてみることにしましょう。

　最初に、出力層のユニット $Z_1 \sim Z_4$ がプーリング層の3枚のプーリン

グテーブルの各欄に課す重みを見てみましょう。そして、その一覧の中で、大きな値に◯を付けてみます。

(注)次の表で、P1、P2、P3はプーリング層のプーリングテーブル番号です。テーブルの形式は§4の解説と一致しています。

Z_1が課す重み

P1	0.00	0.01	0.00
	0.00	0.01	0.00
	0.00	0.00	0.00

P2	0.00	0.00	0.01
	0.00	(0.13)	0.00
	0.00	0.01	0.00

P3	0.00	0.00	0.00
	0.00	0.00	0.00
	0.00	0.00	0.00

Z_2が課す重み

P1	0.00	0.00	0.00
	(9.07)	(11.94)	0.22
	0.00	0.01	(6.66)

P2	0.00	0.00	0.00
	2.78	0.04	0.00
	(10.29)	0.00	0.01

P3	0.01	0.00	0.01
	0.00	0.01	0.01
	0.00	0.01	0.01

Z_3が課す重み

P1	0.00	(4.73)	0.00
	0.00	0.00	(6.06)
	0.44	(5.18)	0.17

P2	0.00	0.02	0.00
	0.00	0.00	0.00
	1.07	2.62	(6.75)

P3	0.04	0.00	0.00
	(1.12)	0.00	0.00
	0.00	0.01	0.30

Z_4が課す重み

P1	8.01	0.01	0.01
	0.01	0.00	0.00
	0.00	0.00	0.01

P2	(27.47)	0.01	0.00
	0.00	0.00	0.00
	0.00	0.00	0.00

P3	0.01	0.01	0.01
	0.01	0.00	0.00
	0.00	0.01	0.00

これから、フィルターと出力層との関係が見えてきます。

プーリングテーブルは特徴マップを濃縮したものです。すると、上記の一覧は、ユニットZ_1〜Z_4と「特徴マップ」との関係を示していることになります。また、先の議論からわかるように、「特徴マップ」はフィルターとの「類似性」を表わしています。こうして、フィルターと特徴マップ、出力層の関係が次図のように見えてきました。

この図は出力層のユニットZ_1〜Z_4からたどって、大きな重みをもったものを繋げています。要するに、関係の強いもの同士を結んだ図です。

この図からユニットZ_1〜Z_4が何を用いて画像の数字を判定しているかがわかります。

数字「2」に反応するユニットZ_2は、フィルター1と2に強く結ばれています。ユニットZ_2は主に特徴パターン1と2を組み合わせて数字「2」を判定していることがわかります。

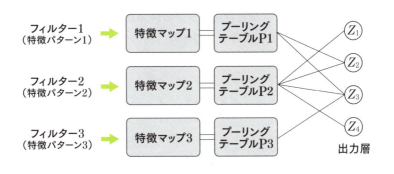

　数字「3」に反応するユニットZ_3はフィルター1、2、3に強く結ばれています。ユニットZ_3は特徴パターン1、2、3を組み合わせて数字「3」を判定していることがわかります。

　数字「1」に反応するユニットZ_1と、数字「4」に反応するユニットZ_4は、フィルター2だけに強く結ばれています。したがって、あまり影響を受けないフィルター1と3との微妙なバランスの中で、入力された手書き数字が何であるかを判定していることになります。

特徴マップから元の画像を再現

　出力層のユニットがどのように数字を見ているかを調べましょう。

　例として、ユニットZ_3について調べることにします。このユニットZ_3がどのように数字を見ているかは、次の4ステップを追えばわかります。

（ⅰ）ユニットZ_3とプーリングテーブルの関係を見る

　ユニットZ_3は左に掲示した「Z_3が課す重み」の表に従って、プーリングテーブルの各要素に重みを課しています。この表に従って、たとえば、1枚目のプーリングテーブルP1とZ_3の関係を図示してみましょう。重みが大きいほど重点をおいているので、プーリングテーブルP1において、ユニットZ_3に大きく寄与する欄は◯印を付けた部分です。

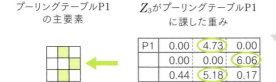

プーリングテーブルの◯印を付けた部分がユニットZ_3に大きく寄与

（ⅱ）プーリングテーブルと特徴マップの関係を見る

プーリングテーブルを構成する各値は、特徴マップを圧縮したものです。そこで、プーリングテーブルから特徴マップの概要を再現できます。次図は、ステップ（ⅰ）で得られたプーリングテーブルP1の主要位置から、特徴マップの主要位置を再現したものです。

プーリングテーブルから特徴マップの主要位置を再現

（ⅲ）特徴マップと元の画像の関係を見る

特徴マップはフィルターの目で画像をスキャンし、フィルターとの類似性を報告したものです。そこで、そのフィルターから見た元の画像の概形が再現されます。

次図は、ステップ（ⅱ）で再現した特徴マップ1から、フィルター1の目で見た元の画像の概形を再現したものです。

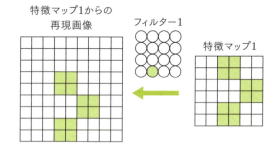

これまでの（ⅰ）〜（ⅲ）のステップをまとめてみましょう。

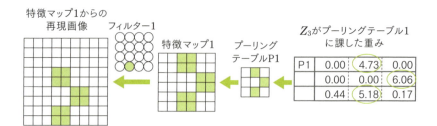

（ⅰ）～（ⅲ）の操作を、特徴マップ2、3についても行ないます。

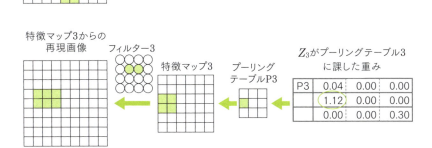

（ⅳ）特徴マップすべてについて得られた再現画像を重ねる

ステップ（ⅲ）で得られた特徴マップごとの「再現画像」3枚を重ねます。

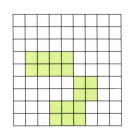

すべての再現画像を重ねたもの

これが目標の画像です。本節で作成した畳み込みニューラルネットワークは、数字「3」をこのように見ているのです。

右に示した実際の手書き数字の例「3」と比較してみましょう。上記の「畳み込みニューラルネットワーク」が見た「3」は、実際の3の画像の下半分と似ています。〔課題Ⅱ〕で作成した畳み込みニューラルネットワークが学習データから学んだ「3」は、そのような形をしているのです。

9 畳み込みニューラルネットワーク をテスト

〜新しい手書き画像に、完成した 畳み込みニューラルネットワークが正解できるか確認

§1で提示した〔課題Ⅱ〕を解決する畳み込みニューラルネットワークが完成しました。ここでは、新たな数字画像に対して、それが正しく判定できるかを調べます。

新たなデータを用意

〔課題Ⅱ〕を解決する畳み込みニューラルネットワークは訓練データを用いて決定されています。訓練データとは別の新たな手書き数字を正しく識別できるかは不明です。

このことは、学生のテスト勉強と同じです。前日まで学習してきても、当日のテストでそれが役立つかは不明なのです。

そこで、新しい手書きの数字画像をテスト画像として利用し、正しく判定するかを確かめてみましょう。

〔問1〕これまで作成した畳み込みニューラルネットワークが、下記の手書き数字をどう判読するか調べましょう。

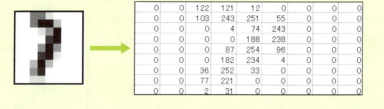

（解）§7で算出した学習済みのパラメーター（すなわちフィルターと重み、閾値）を用いて、出力層のユニットの出力を計算します。

出力層	z1	z2	z3	z4
	0.23	0.00	0.00	0.00

出力層のユニットの出力の表

　この表に示すように、ユニットZ_1の出力が最大です。そこで、畳み込みニューラルネットワークは「入力された画像は数字1」と判断したことになります。人が判断しても、たぶん「1」でしょう。作成した畳み込みニューラルネットワークは人間の感性と一致した判断を下したことになります。

(解終)

〔問2〕これまで作成した畳み込みニューラルネットワークが、下記の手書き数字をどう判読するか調べましょう。

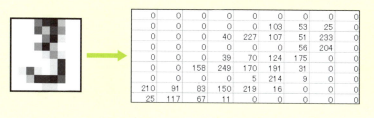

（解）〔問1〕と同様にして出力層のユニットの出力を計算します。

出力層	z1	z2	z3	z4
	0.26	0.19	0.79	0.00

出力層のユニットの出力の表

　数字「3」に反応するユニットZ_3が最大なので、「入力された画像は数字3」と判断されたことになります。人が判断しても「3」でしょう。再び人間の感性と一致した判断を下したのです。

(解終)

〔問3〕これまで作成した畳み込みニューラルネットワークが、下記の手書き数字をどう判読するか調べましょう。

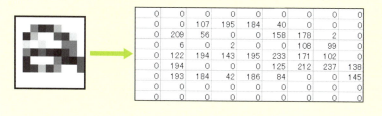

（解）〔問1〕と同様にして出力層のユニットの出力を計算します。

出力層	z1	z2	z3	z4
	0.23	0.00	0.00	0.00

出力層のユニットの出力の表

数字「1」に反応するユニット Z_1 が最大なので、「入力された画像は数字1」と判断したことになります。人が判断したなら「2」でしょう。作成した畳み込みニューラルネットワークは、この画像データについては、人間の感性とは一致しない判断を下したことになります。

§7で決定した畳み込みニューラルネットワークの正答率は88%でした。したがって、少し悪筆だと、それを誤答してしまうのは仕方がないのです。

ところで、簡単にこの正答率を上げる方法があります。それを次の節（§10）で紹介します。

---

memo 訓練データ、検証データ、テストデータ

ニューラルネットワークの世界では、さらに広くは機械学習の世界では、データとして訓練データ、検証データが利用されます。「訓練データ」とはニューラルネットワークを学習させるためのデータです。「検証データ」とは、訓練データで学習の済んだニューラルネットワークの性能を評価するためのデータです。

ところで、検証データで得た評価が芳しくないとき、どう行動するでしょうか。再度モデルを構築し、「訓練データ」を利用してニューラルネットワークに学習させ、再度「検証データ」を用いて性能を評価するでしょう。

このサイクルを繰り返して、「検証データ」で良い評価が得られたとしても、本当に現実のデータに対してよい結果を提示するかは疑問です。同じテスト問題を利用していると、勉強がそれだけに対応するものになり、別のテスト問題に対応できなくなるのと同じです。これを過学習の問題と呼びます。

これを回避するために用意されるのがテストデータです。完成したニューラルネットワークに対して、最後に「テストデータ」で評価するわけです。3段構えの評価を構築することで、より客観的な評価ができるようにするのです。

10 パラメーターに負を許容すると

〜世界を広げると「学習」の精度は高まる

これまでは、フィルターや重み、閾値について、負の数は考えませんでした。しかし、「モデルを最適化する」ということを一義的に考えるなら、それらに負の値を許すことも可能です。

負の世界で考えるメリットとデメリット

　パラメーター（フィルター、重み、閾値）として0以上の値を前提として計算したのは、解釈を容易にするためです。「重みはその矢の太さに対応」、「重みが大きいと相手のユニットを重視している」、「閾値は敏感度」というように、普段の生活の言葉で解釈できるからです。

　Excelを用いた具体的な計算でも、負の世界が入らないようにしています。それを示すのが次図です（§7）。

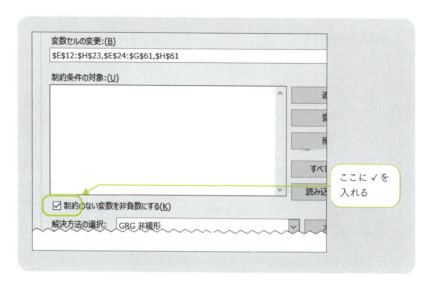

ここに✓を入れる

187

ところで、世界が狭いと、その分パラメーターは動きづらくなります。したがって、モデルをデータにフィットさせにくくなるのです。§7で決定した畳み込みニューラルネットワークの目的関数の値 E が大きかった（$E = 74.32$：p.176参照）理由の一つはそのためです。

パラメーターに負の数も許容

解釈できることを二義的にして、モデルをデータにフィットさせることを最優先するなら、負の数も許容することは可能です。負の世界にまで世界を広げることで、畳み込みニューラルネットワークは学習がしやすくなります。

では、実際に負の世界を許容して、§1で提示した〔課題Ⅱ〕を解決する畳み込みニューラルネットワークを作成してみましょう。

計算には、再びExcelを利用することにします。このとき、パラメーターに負を許容しても、これまで作成してきたワークシートに変更を要しません。

変更する点は、ソルバーのオプション設定です。次の図のように、「制約のない変数を非負数にする」のチェックを外すだけで済みます。

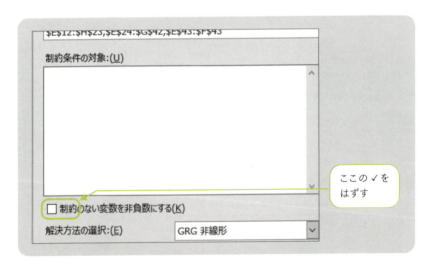

なお、計算の際には、画像データにある画素値は縮小しておきます（いまの例では100分の1）。これは、指数計算がオーバーフローすることを

避けるためです（節末≪memo≫参照）。

結果を見てみる

では、以上の準備のもとで、これまで作成してきたワークシート（§7）を用いて最適化を実行してみましょう。次の結果が得られます。

				F	F	G	H
12	畳み込み層	フィルター	F1	-4.86	1.90	3.79	4.72
13				-10.90	-7.16	-2.61	-4.10
14				-9.23	-3.79	-3.75	-0.07
15				-10.96	-3.91	2.40	2.86
16			F2	3.83	2.42	6.25	4.87
17				-0.07	2.98	1.94	2.46
18				-4.73	-0.35	-0.98	3.19
19				-1.63	2.06	0.01	-1.68
20			F3	-2.36	-2.43	-0.46	-4.09
21				7.02	1.05	-2.55	-0.44
22				-8.22	5.07	4.56	-5.96
23				-4.84	7.66	2.14	-5.10
24			θ	-2.65	2.52	12.65	

隠れ層のフィルターと閾値の値

出力層の重みと閾値の値

				F	F	G	H
25	出力層	Z1	P1	3.08	6.41	0.08	
26				3.79	4.05	7.24	
27				-0.18	6.11	10.29	
28			P2	-3.26	-4.52	-1.13	
29				-0.20	-2.60	-1.91	
30				-2.08	-2.21	-4.17	
31			P3	-4.01	4.18	-3.09	
32				0.00	1.94	-6.26	
33				1.77	4.13	-2.74	
34		Z2	P1	-1.09	5.28	3.75	
35				1.18	-3.72	-0.52	
36				-13.85	-3.98	-13.45	
37			P2	2.92	2.56	-1.64	
38				1.69	2.19	1.98	
39				-1.58	0.74	3.39	
40			P3	-4.71	0.42	2.04	
41				-0.32	0.27	-8.08	
42				-11.41	-6.09	2.81	
43		Z3	P1	-0.26	-4.27	-4.29	
44				-2.55	2.61	-3.75	
45				10.95	-2.04	-4.57	
46			P2	1.17	-2.89	2.58	
47				-2.95	-0.53	-2.93	
48				0.20	-0.92	0.22	
49			P3	-15.30	-0.66	-2.27	
50				-9.22	0.23	10.12	
51				8.79	1.11	0.58	
52		Z4	P1	-2.29	0.27	-5.71	
53				-3.73	-2.23	-1.79	
54				7.57	5.52	0.96	
55			P2	-3.20	-0.14	2.09	
56				-3.53	0.41	2.98	
57				-2.64	-2.59	-2.19	
58			P3	15.58	-0.03	3.29	
59				5.44	0.70	-3.34	
60				-0.78	1.80	-0.56	
61			θ	1.67	-0.88	2.82	2.59

（注）使用しているパソコンの環境によって結果が異なる場合があります。

これらの値を用いると、モデルとデータとの誤差の総体を表わす目的関数の値は、上記の結果を用いて計算すると、次のようになりました。

$E = 4.06$

非負数で最適化したときの値 $E = 74.32$（§7：p.176参照）に比べて、

大きな改善です。約1割になっています。負の数を認めた方が、はるかにモデルはデータに適合することがわかります。

このことは正答率にも現れます。パラメーターとして0以上を考えた場合、正答率は88%でした（§7参照）。しかし、負を許容すると、先の結果を用いて計算すれば98%になります。

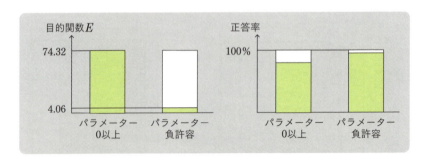

負を許容すると解釈がしづらい

しかし、良いことばかりではありません。負を許容すると、解釈がしづらくなるのです。それを見るために、得られたパラメーターの値を見てください。たとえば、次の表はフィルターの値と、閾値の値です。

	A	B	C	D	E	F	G	H
12				F1	-4.86	1.90	3.79	4.72
13					-10.90	-7.16	-2.61	-4.10
14					-9.23	-3.79	-3.75	-0.07
15					-10.96	-3.91	2.40	2.86
16	畳	フ		F2	3.83	2.42	6.25	4.87
17	み	ィ			-0.07	2.98	1.94	2.46
18	込	ル			-4.73	-0.35	-0.98	3.19
19	み	タ			-1.63	2.06	0.01	-1.68
20	層	ー		F3	-2.36	-2.43	-0.46	-4.09
21					7.02	1.05	-2.55	-0.44
22					-8.22	5.07	4.56	-5.96
23					-4.84	7.66	2.14	-5.10
24				θ	-2.65	2.52	12.65	

負を許容したときに得られたフィルターと、閾値の値。「強い」「太い」「敏感度」などという解釈は負の世界には通用しない

フィルターの要素に負が現れます。これまで、フィルターの要素は「重み」の意味があり、矢につながるユニットとの関係の強さという意味を持つことを調べました。

しかし、負の値については、どのように解釈してよいか即断できません。すなわち、畳み込みニューラルネットワークの下した判断は説明困難になるのです（2章末≪memo≫参照）。

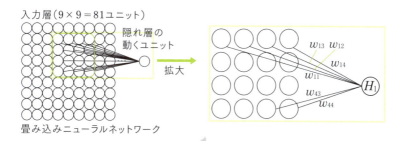

重みwは隠れ層のユニットと入力層のユニットとの関係の強さ。その強さに負の数が現れると、「強さ」とは何かという疑問が生まれる

しばしば、ディープラーニングの下した結論は「判断の根拠」が明確にできないといわれます。その理由の一つがこの「負の数の導入」にあります。データにフィットした畳み込みニューラルネットワークをつくるためには、負の数の導入は必要です。しかし、結論の説明がしづらくなるのです。

負を許容した場合に未知の画像を判断させる

パラメーターに負を許容した場合、モデルとデータとの誤差が小さくなり、正答率も上昇すると述べました。次の〔問〕で、それを確かめてみましょう。

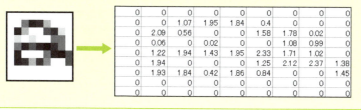

〔問〕本節で作成した畳み込みニューラルネットワークが、下記の手書き数字をどう判読するか調べましょう。

（解）§9の〔問3〕と同様の処理をします。学習済みのパラメーター（すなわちフィルターと重み、閾値）を用いて、出力層のユニットの出力を計算します。ここでは結果のみを表示します。

出力層	z1	z2	z3	z4
	0.00	0.96	0.00	0.00

出力層のユニットの出力の表

数字「2」に反応するユニット Z_2 が最大です。畳み込みニューラルネットワークは「入力された画像は2」と判断したことになります。人が判断しても「2」でしょう。作成した畳み込みニューラルネットワークも人間の感性と一致した判断を下したのです。（解終）

この〔問〕で取り上げた画像は、前の節（§9）では誤って判定されました。パラメーターの世界を負まで広げることで、「0以上のパラメーター」では区別できなかった文字を正しく識別できるようになったのです。

> **memo** 画素値を1/100倍しても許される理由
>
> 右図のようなユニットを考えてみましょう。3つの入力信号 x_1、x_2、x_3 を考え、各入力信号には重み w_1、w_2、w_3 が与えられるとします。閾値を θ とするとき、ユニットが得る「入力の線形和」s は次の形をとります。
>
>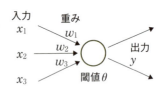
>
> $$s = w_1 x_1 + w_2 x_2 + w_3 x_3 - \theta$$
>
> さて、入力信号 x_1、x_2、x_3 を各々 k 倍し、重み w_1、w_2、w_3 を $\frac{1}{k}$ 倍するとき、この和 s の値は同じです。
>
> $$s = \frac{1}{k} w_1 (k x_1) + \frac{1}{k} w_2 (k x_2) + \frac{1}{k} w_3 (k x_3) - \theta$$
>
> すなわち、入力信号の大きさ x_1、x_2、x_3 をどんな尺度で表示しても、重みの大きさを変えることで、和 s の値は変わらないのです。本節では、画像からの入力信号を勝手に1/100倍しましたが、数学的にはまったく問題はないのです。

6章

リカレント
ニューラルネットワーク
のしくみがわかる

リカレントニューラルネットワーク（RNN）とは、
4章で調べたニューラルネットワークに
記憶を持たせたネットワークです。
時系列データ、すなわち順序が問題になるデータを扱うとき、
大変有効な技法です。2章ではイメージ的な解説を試みましたが、
本章は数式を用いて解説します。

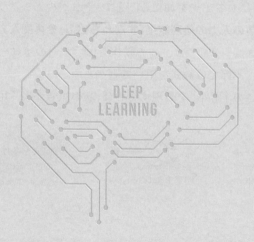

1 リカレントニューラルネットワークの考え方

～ニューラルネットワークに少し修正を加え記憶機能を持たせる

ニューラルネットワークは柔軟なモデルです。少し改変するだけで、新しい能力を獲得します。この特性を応用したのが**リカレントニューラルネットワーク（RNN）**です。2章ではイメージ的にしくみを調べましたが、本章では数式を利用して解説を進めます。

ニューラルネットワークのモデルは柔軟

人の会話やモノの動きは、時間的または空間的に順序付けられているデータといえます。要素一つひとつに前後関係があるからです。このように、前後関係に意味のある要素から成り立つデータを**時系列データ**と呼びます。

（例1） いよし（伊予市）、よいし（良い詩）、よしい（吉井：人名）は、3つとも「よ」「い」「し」の3文字で構成されていますが、並び順によって意味が異なります。これが時系列データの一例です。

これまで調べてきたニューラルネットワークは、この時系列データを扱えません。構造にその概念を取り入れるしくみがないからです。しかし、「回帰」と呼ばれる工夫を加えることで、それが扱えるようになります。

回帰とは、前の入力の処理結果（すなわち出力）を再度入力に取り入れることをいいます。2章では、この動作を「エコー」のイメージを用いて解説しました。本節では数式を用いて調べます。

ユニットでこの「再帰」を表現するのに、次の記号がよく用いられます。

通常のユニット　　回帰するユニット　　回帰を表わすユニットの一つの表現

この図で示されるように、ニューラルネットワークは過去の入力を現在の入力に簡単に取り入れられます。こうして時系列データを扱えるようにしたニューラルネットワークが**リカレントニューラルネットワーク**（Recurrent Neural Networks、略して**RNN**）です。

(注)リカレントニューラルネットワークは**回帰型ニューラルネットワーク**とも呼ばれます。

具体例で考える

スマートフォンに言葉を入力する際、前の文字を入れると次の文字が予測されて表示されます。このような処理にリカレントニューラルネットワークは力を発揮します。そのしくみを見るために、次の簡単な課題を調べることにしましょう。

〔課題III〕 次の表にある言葉を「ひらがな」で入力する際、「読み」の最後尾の文字が、その手前までに入力された文字から予測されるリカレントニューラルネットワークをつくりましょう。

言葉(読み)	入力文字	最後尾の文字
伊予市(いよし)	「いよ」	し
意志よ(いしよ)	「いし」	よ
良い詩(よいし)	「よい」	し
吉井(よしい(人の名))	「よし」	い
恣意よ(しいよ)	「しい」	よ
詩良い(しよい)	「しよ」	い
詩よ(しよ)	「し」	よ
葦(よし(植物名))	「よ」	し

(注)この〔課題III〕の一部は2章でも例として取り上げています。

この課題の意味を次の例で理解してください。

(例2)「良い詩」を入力するために、「よい」と順に入力すると「し」が予測されるリカレントニューラルネットワークを作成する。

この例の意味は、次のスマートフォンのイメージで理解してください。

195

リカレントニューラルネットワークをユニットで表現

2章では、本節の〔課題Ⅲ〕のような応用に対処するリカレントニューラルネットワークの解説に、次の左の図を利用しました。本章では、一般化できるように解説を進めたいので、これと等価な次の右の図を利用します。これがリカレントニューラルネットワークの標準的な表現法です。

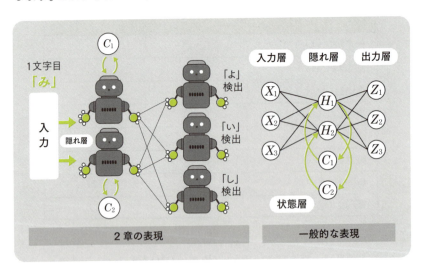

この右の図において、入力層 X_1、X_2、X_3 は文字データを入力するためのユニットです。隠れ層には2個のユニット H_1、H_2 を配置しました。

(注) 隠れ層の層数やユニットの個数は設計者が決めます。2個に設定したのは、問題が単純だからです。

図には、ユニット C_1、C_2 が描かれています。ユニット C_1、C_2 は、過去に入力された文字について、隠れ層が処理した結果を記憶するユニットです。このメモリー役をする C_1、C_2 を**コンテキストノード**と呼びます。簡単に「メモリー」とも呼ばれます。そして、C_1、C_2 をまとめて**状態層**（英語で state layer）と呼びます。

(注) C は context の頭文字。英語の「文脈」の意。なお、ネットワーク内のユニットをノード（node）ともいいます。node は「結び目」「節」などの意味です。

コンテキストノードを追加することで、前の処理の結果がエコーのように次の処理に引き渡されます。これがリカレントニューラルネットワークの要となる考え方です。

(注) リカレントニューラルネットワークにはいくつものタイプがあります。ここでは、最も簡単な形を調べています。

訓練データの表現

〔課題III〕の題意から、訓練データは次のようにまとめられます。

予測材料	正解ラベル
「いよ」	し
「いし」	よ
「よい」	し
「よし」	い
「しい」	よ
「しよ」	い
「し」	よ
「よ」	し

(注) 予測材料と正解ラベルについては、2章 §3 を参照してください。

さて、このデータをどのように表現すればよいでしょうか。ここでは、言語解析でよく利用される **One hot エンコーディング**と呼ばれる方法で表現しましょう。データの基本となる文字「い」「よ」「し」を、次のような形式で表現するのです。

$$「い」 = \begin{pmatrix} 1 \\ 0 \\ 0 \end{pmatrix}、「よ」 = \begin{pmatrix} 0 \\ 1 \\ 0 \end{pmatrix}、「し」 = \begin{pmatrix} 0 \\ 0 \\ 1 \end{pmatrix} \cdots (1)$$

この表現として、次のように横書きで表示することもあります。

$$「い」 = (1, 0, 0)、「よ」 = (0, 1, 0)、「し」 = (0, 0, 1) \cdots (2)$$

実をいうと、この表現形式を前提として、リカレントニューラルネットワークの図を描いてきました。左端の入力層のユニット X_1、X_2、X_3 を組にした $(X_1、X_2、X_3)$ には、この形式（1）（または（2））が対応するように配置したのです。次の例で確認してください。

（例3） 文字「よ」は、次の形式でユニット X_1、X_2、X_3 に入力します。

$$\begin{pmatrix} X_1 \\ X_2 \\ X_3 \end{pmatrix} = \begin{pmatrix} 0 \\ 1 \\ 0 \end{pmatrix}$$、すなわち、「X_1 には 0、X_2 には 1、X_3 には 0」を代入

右端の出力層のユニット Z_1、Z_2、Z_3 の出力も、入力層同様、この形式（1）（または（2））に対応するように配置しています。すなわち、次のような意味になることを前提としています。

$$\begin{pmatrix} Z_1 \\ Z_2 \\ Z_3 \end{pmatrix} = \begin{pmatrix} 最後の文字が「い」の予測確率 \\ 最後の文字が「よ」の予測確率 \\ 最後の文字が「し」の予測確率 \end{pmatrix}$$

本書が前提としているシグモイドニューロンは、このように確率的な解釈をするのに便利です。出力が0と1の間に収まるからです。この特性と、先に示した文字「い」「よ」「し」の表現形式（1）を組み合わせて、ユニット Z_1、Z_2、Z_3 の出力を「予測確率」と解釈するわけです。

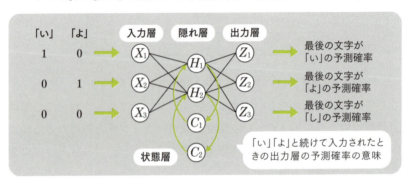

2 リカレントニューラルネットワークの展開図

~展開するとリカレントニューラルネットワークの意味は明瞭

リカレントニューラルネットワークを表わす図は、慣れないと、理解がしづらいでしょう。そこで、本書ではその展開図を利用して、解説を進めることにします。

リカレントニューラルネットワークの展開図

§1で提示した〔課題Ⅲ〕に対して、次のようなリカレントニューラルネットワークを示しました。この表現法は多くの文献で採用されています。回帰していることが見やすく、意図がつかみやすいというメリットがあります。

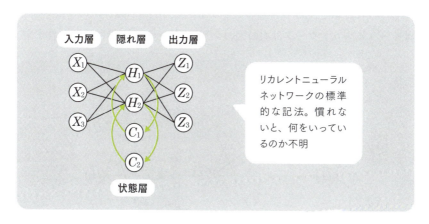

リカレントニューラルネットワークの標準的な記法。慣れないと、何をいっているのか不明

しかし、慣れないと、この図が何を主張しているのか不明です。そこで、この図を展開してみましょう。

いま調べている〔課題Ⅲ〕では、言葉の長さは最大3文字です。このとき、上のリカレントニューラルネットワークの図は次の図と同義になります。すなわち2ブロックに展開されるのです。

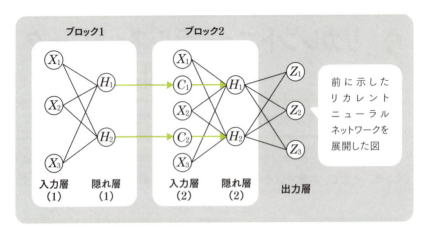

前に示したリカレントニューラルネットワークを展開した図

　ブロック1にある隠れ層（1）は1番目に入力される文字を処理します。そして、結果をブロック2のコンテキストノードに渡します。

　2番目の文字を処理するブロック2では、コンテキストノードを入力層のユニットと同列にします。1文字目の処理結果が2文字目に結合されるしくみがここにあります。

　ちなみに、取り上げる言葉の長さが最大4文字ならば、上のリカレントニューラルネットワークは次の図のようにブロック1〜3に展開されます。

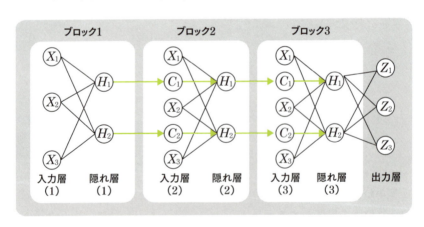

　言葉の長さがさらに長くなっても、その最大長に合わせて、リカレントニューラルネットワークの図は展開されます。

　展開された図の方が畳み込まれた元の図よりも理解しやすいでしょう。これからは、この展開図を利用して話を進めることにします。

3 リカレントニューラルネットワークの各層の働き

~リカレントニューラルネットワークのしくみは
ニューラルネットワークと基本的に同じ

リカレントニューラルネットワークといっても、4章で調べたニューラルネットワークと大きく変わるところはありません。§1で提示した〔課題Ⅲ〕を用いて、各層の働きを具体的に調べることにします。

リカレントニューラルネットワークの入力層

文字の入力法を確認します。

リカレントニューラルネットワークの展開図で、ブロック1の中に示したユニット X_1、X_2、X_3 は、言葉の最初の文字を入力するためのユニットです。次の〔例題〕で確かめましょう。

〔例題1〕「よいし」（良い詩）を入力する際、最初の文字「よ」を入力する方法を図示しましょう。

（解）「よ」は (0, 1, 0) と表わされるので（§1）、次の図のようにブロック1の入力層に入力します。

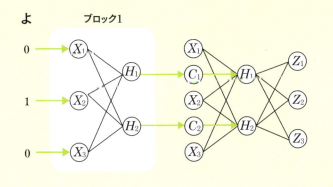

次に、ブロック2の入力層のユニット X_1、X_2、X_3 について調べます。

これらには2番目の文字を入力します。次の〔例題〕で確かめましょう。

〔例題2〕「よいし」（良い詩）を入力する際、2番目の文字「い」を入力する方法を図示しましょう。

(解)「い」は (1, 0, 0) と表わされるので (§1 (1))、次の図のようにリカレントニューラルネットワークの左から2番目の入力層に入力します。

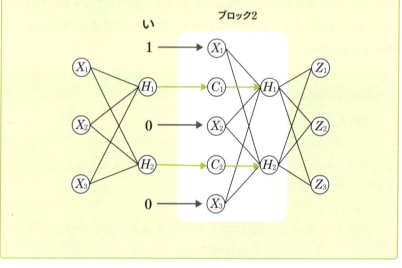

(注)〔課題Ⅲ〕に提示された言葉「しよ」、「よし」は2文字なので、このブロック2は考えません。

さて、以上の2例からわかるように、入力層へ入力する値は、1ブロック目と2ブロック目では異なります。入力層の変数名は、ブロックごとに区別しなければならないのです。

そこで、ブロック1の入力層のユニット X_1、X_2、X_3 の入力 x_1、x_2、x_3 には、[1] という記号を付けます。ブロック2入力層のユニット X_1、X_2、X_3 の入力 x_1、x_2、x_3 には、次のように [2] という記号を付けることにします。

1番目の文字に関する入力：$x_1[1]$, $x_2[1]$, $x_3[1]$
2番目の文字に関する入力：$x_1[2]$, $x_2[2]$, $x_3[2]$

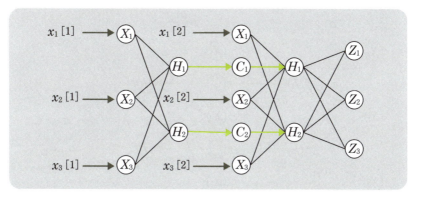

　ちなみに、4章、5章で調べたように、入力層のユニットの場合、入力と出力は同じです。そこで、これらの変数の名称はそのまま出力を表わす変数の名称としても利用されます。

(例1) 1ブロック目の入力層のユニット X_1 に関して、入力と出力はともに $x_1[1]$ と表わします。

入力　$x_1[1]$ → X_1 → 出力　$x_1[1]$　　入力の変数と出力の変数の名称は同一

リカレントニューラルネットワークの隠れ層

　他のニューラルネットワーク同様、隠れ層がリカレントニューラルネットワークに命を吹き込みます。この層の入出力を調べましょう。

　隠れ層のユニットが入力層のユニットに課す重みは、各ブロックで共通です。それは閾値も同様です。

(例2) 1ブロック目の隠れ層のユニット H_1 が1ブロック目の入力層のユニット X_1 に課す重みを w_{11}^{H1} とします。また、2ブロック目の隠れ層のユニット H_1 が2ブロック目の入力層のユニット X_1 に課す重みを w_{11}^{H2} とします。このとき、両者の重みは同一で、w_{11}^{H} と表わします。

$$w_{11}^{H1} = w_{11}^{H2} = w_{11}^{H}$$

　この(例2)の約束を一般化し、重みと閾値を次図に示します。θ_1^H、θ_2^H は順にユニット H_1、H_2 の閾値です。

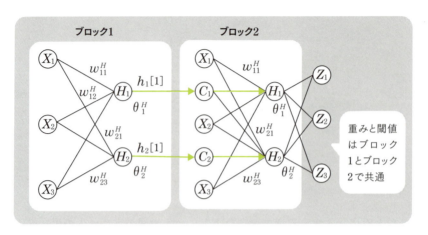

なお、図に示したように、ブロック1のユニットH_1、H_2の出力を$h_1[1]$、$h_2[1]$と表記します。また、図には示していませんが、ブロック2のユニットH_1、H_2の出力を$h_1[2]$、$h_2[2]$と表記することにします。この記法は入力層と同一の約束です。

リカレントニューラルネットワークの状態層

リカレントニューラルネットワークを他のニューラルネットワークから際立たせるのが、状態層の存在です。ネットワークの図でC_1、C_2と表わされた「コンテキストノード」で構成されます。

コンテキストノードは前のブロックにある隠れ層H_1、H_2が処理した結果を記憶する働きをします。

このことを式で表わしてみましょう。2番目のブロックにあるコンテキストノードC_1、C_2への入力を$c_1[2]$、$c_2[2]$と表わすことにすると、1番目のブロックの隠れ層H_1、H_2の出力$h_1[1]$、$h_2[1]$とは次の関係が成立します。

$c_1[2] = h_1[1]$、$c_2[2] = h_2[1]$

コンテキストノードの出力は入力と一致します。ネットワークの図で、コンテキストノードC_1、C_2が入力層と同列に示されていることからわかるでしょう。

以上をまとめると、次の図のように表わされます。

H_1 → $h_1[1]=c_1[2]$ → C_1 → $c_1[2]$

H_2 → $h_2[1]=c_2[2]$ → C_2 → $c_2[2]$

> コンテキストノードは前のブロックの隠れ層の出力をそのまま受け取る。また、コンテキストノードの入出力は同一値

状態層と隠れ層の関係

ブロック2の隠れ層 H_1、H_2 がコンテキストノード C_1、C_2 へ課す「重み」を**回帰の重み**と呼ぶことにします。この「回帰の重み」を順に γ_1、γ_2 と表わすことにしましょう。この「回帰の重み」γ_1、γ_2 の存在こそが、リカレントニューラルネットワークの最大の特徴です。

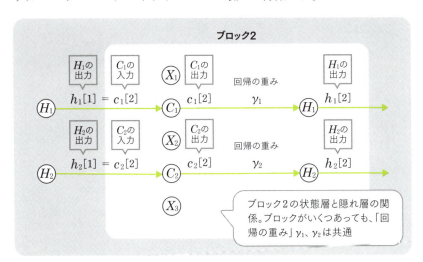

> ブロック2の状態層と隠れ層の関係。ブロックがいくつあっても、「回帰の重み」γ_1、γ_2 は共通

リカレントニューラルネットワークの出力層

4章で調べたニューラルネットワークと同様、出力層は隠れ層からの出力をまとめ、ネットワーク全体の処理結果を出力します。

出力層のユニット Z_1、Z_2、Z_3 の出力の意味は§1で調べました。次のように示せます。

$$\begin{pmatrix} Z_1 \\ Z_2 \\ Z_3 \end{pmatrix} = \begin{pmatrix} 最後の文字が「い」の予測確率 \\ 最後の文字が「よ」の予測確率 \\ 最後の文字が「し」の予測確率 \end{pmatrix}$$

出力層のユニット Z_1、Z_2、Z_3 が隠れ層の各ユニットに課す重みの名称は4章の単純なニューラルネットワークの場合とまったく同一です。閾値についても、4章と同じように表記します。

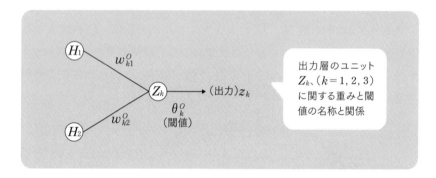

出力層のユニット Z_k、($k=1, 2, 3$) に関する重みと閾値の名称と関係

4 式でリカレントニューラルネットワークを表現

~コンテキストノードの存在が
リカレントニューラルネットワークの処理のポイント部分

リカレントニューラルネットワークにおいて、ユニットの関係を式で表わしましょう。このネットワークの「学習」方法が見えてきます。

前節の確認と数式化の準備

引き続き、§1で提示した〔課題Ⅲ〕を用いて、リカレントニューラルネットワークを調べましょう。本節は、ユニット間の関係を式で表わします。

さて、その前に、これまで調べてきた変数の位置づけと名称について、図で確認しておきます。

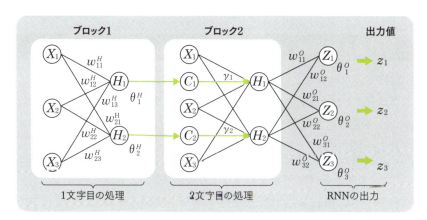

なお、ブロック2の入力のための重みと閾値はブロック1と同じです。

隠れ層と状態層、入力層の関係を数式で表現（ブロック1）

最初に、ブロック1、すなわち1文字目の処理について調べます。ここでは、通常のニューラルネットワークと同様の処理になるので、特記

することはありません。普通のユニットの関係が成立します。

> （ブロック1の関係式）$j = 1, 2$ として、
> ユニット H_j の入力の線形和：
> $s_j^H[1] = (w_{j1}^H x_1[1] + w_{j2}^H x_2[1] + w_{j3}^H x_3[1]) - \theta_j^H$ … (1)
> ユニット H_j の出力：$h_j[1] = a(s_j^H[1])$　（a は活性化関数）… (2)

（注）[1] はブロック1、すなわち「1文字目」の処理に関係することを示します。なお、本章でも、活性化関数はシグモイド関数を利用します。

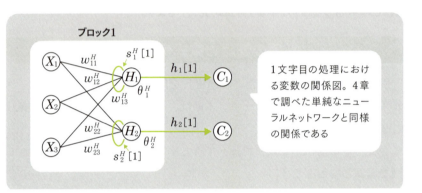

1文字目の処理における変数の関係図。4章で調べた単純なニューラルネットワークと同様の関係である

隠れ層と状態層、入力層の関係を数式で表現（ブロック2）

続けて、ブロック2の処理について調べましょう。

ブロック2のコンテキストノードが、ブロック1の隠れ層の出力 $h_1[1]$、$h_2[1]$ を取り込む処理を確認します。先に調べたように（§2）、コンテキストノードは前のブロックの隠れ層の出力をそのまま取り込みます。

> （コンテキストノードとブロック1の関係式）
> $c_1[2] = h_1[1]$、$c_2[2] = h_2[1]$

コンテキストノードは前のブロックの隠れ層の出力をそのまま入力とする

次に、隠れ層の処理について調べます。ブロック2のユニットX_iと並列して、先に調べたコンテキストノードC_jからの出力$c_j[2]$も、入力として取り込みます。§2で調べたように、この際、コンテキストノードには「回帰の重み」と呼ぶ「重み」γ_j ($j=1, 2$) を課します。

以上から、ブロック2について、隠れ層と入力層、状態層のユニットの関係が次のように表現されます。

（ブロック2の関係式）$j=1, 2$として、

ユニットH_jの入力の線形和：
$$s_j^H[2] = (w_{j1}^H x_1[2] + w_{j2}^H x_2[2] + w_{j3}^H x_3[2]) + \gamma_j c_j[2] - \theta_j^H$$
… (3)

ユニットH_jの出力：$h_j[2] = a(s_j^H[2])$ （aは活性化関数） … (4)

(注) [2]はブロック2、すなわち「2文字目」の処理に関係することを示します。

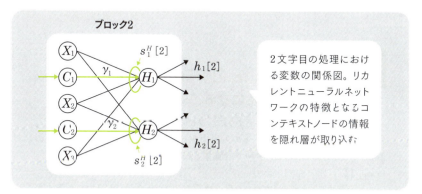

2文字目の処理における変数の関係図。リカレントニューラルネットワークの特徴となるコンテキストノードの情報を隠れ層が取り込む

出力層と隠れ層の関係を数式で表現

出力層と隠れ層の関係は4章で調べた単純なニューラルネットワークと同じです。

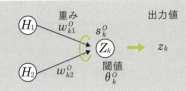

出力層と隠れ層の関係図

そこで、出力層と入力層のユニットの関係は次のように表現されます。

(出力層の処理) $k = 1, 2, 3$ として、

Z_k の入力の線形和：$s_k^O = (w_{k1}^O h_1[2] + w_{k2}^O h_2[2]) - \theta_k^O$

Z_k の出力：$z_k = a(s_k^O)$　　(a は活性化関数)

具体例を式で表わしてみる

話が長くなったので、具体例でこれまで調べてきた関係を確認します。

〔問〕〔課題Ⅲ〕で、「いしよ」（意志よ）の入力の際、「い」「し」と入力すると、「よ」が予測される際の式の関係を書き出してみましょう。活性化関数はシグモイドニューロン σ とします。

(解) 1文字目の「い」について、その処理を調べます。次の図で変数の確認をしておきましょう。

> **memo** $c_1[1] = 0$、$c_2[1] = 0$ と仮定すると計算が容易になる
>
> ネットワークを見ればわかるように、ブロック1にはコンテキストノード C_1、C_2 が存在しません。しかし、その入出力を $c_1[1]$、$c_2[1]$ で表わし、次のように考えると、コンピューターで計算する際に大変便利です。
> $c_1[1] = 0$、$c_2[1] = 0$
> こう定義することで、1ブロック目の処理を2ブロック目と区別する必要がなくなります。実際、式 (1)、(3) は次のように一つにまとめられます。
> ユニット H_j の入力の線形和：$j = 1, 2$、$n = 1, 2$ として
> $s_j^H[n] = (w_{j1}^H x_1[n] + w_{j2}^H x_2[n] + w_{j3}^H x_3[n]) + \gamma_j c_j[n] - \theta_j^H$

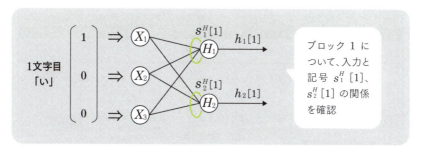

この処理は、単純なニューラルネットワークの場合と同じです。

層	入出力	入出力
入力層	入出力	$(x_1, x_2, x_3) = (1, 0, 0)$
隠れ層	入力	$s_1^H[1] = (w_{11}^H \cdot 1 + w_{12}^H \cdot 0 + w_{13}^H \cdot 0) - \theta_1^H = w_{11}^H - \theta_1^H$ $s_2^H[1] = (w_{21}^H \cdot 1 + w_{22}^H \cdot 0 + w_{23}^H \cdot 0) - \theta_2^H = w_{21}^H - \theta_2^H$
	出力	$h_1[1] = \sigma(s_1^H[1])$、$h_2[1] = \sigma(s_2^H[1])$

次に、コンテキストノードが、1文字目の処理の隠れ層の出力$h_1[1]$、$h_2[1]$を取り込む処理が続きます。

層	入出力	入出力
状態層	入出力	$c_1[2] = h_1[1]$、$c_2[2] = h_2[1]$

続けて、2番目の文字「し」について、その処理を調べましょう。コンテキストノードの出力$c_1[2]$（$= h_1[1]$）、$c_2[2]$（$= h_2[1]$）の取り込み方を確認してください。

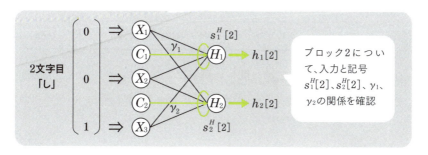

層	入出力	入出力
入力層	入出力	$(x_1, x_2, x_3) = (0, 0, 1)$
隠れ層	入力	$s_1^H[2] = (w_{11}^H \cdot 0 + w_{12}^H \cdot 0 + w_{13}^H \cdot 1) + \gamma_1 \cdot c_1[2] - \theta_1^H$ $\quad\quad = w_{13}^H + \gamma_1 \cdot c_1[2] - \theta_1^H$ $s_2^H[2] = (w_{21}^H \cdot 0 + w_{22}^H \cdot 0 + w_{23}^H \cdot 1) + \gamma_2 \cdot c_2[2] - \theta_2^H$ $\quad\quad = w_{23}^H + \gamma_2 \cdot c_2[2] - \theta_2^H$
	出力	$h_1[2] = \sigma(s_1^H[2])$、$h_2[2] = \sigma(s_2^H[2])$

最後に、出力層の出力を調べます。ここは一般的なニューラルネットワークと変わりません。次図で確認してください。

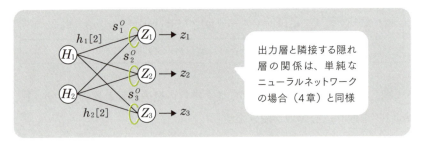

出力層と隣接する隠れ層の関係は、単純なニューラルネットワークの場合（4章）と同様

この図を参考にして、関係を式で表現してみましょう。

層	入出力	入出力
出力層	入力	$s_1^O = (w_{11}^O h_1[2] + w_{12}^O h_2[2]) - \theta_1^O$ $s_2^O = (w_{21}^O h_1[2] + w_{22}^O h_2[2]) - \theta_2^O$ $s_3^O = (w_{31}^O h_1[2] + w_{32}^O h_2[2]) - \theta_3^O$
	出力	$z_1 = \sigma(s_1^O)$、$z_2 = \sigma(s_2^O)$、$z_3 = \sigma(s_3^O)$

以上に示した表が、この〔問〕の解答になります。　　　　　　　（解終）

5 リカレントニューラルネットワークの目的関数

~目的関数のつくり方は単純なニューラルネットワークと同一

リカレントニューラルネットワークをデータから決定する「学習」の準備ができました。本節では、その決定法を調べます。

最適化のための目的関数を求める

引き続いて、§1で提示した〔課題Ⅲ〕を調べます。

これまで、ユニット間の関係を調べてきました。それがわかれば、目的関数を簡単に作成できます。

4章、5章で調べたように、目的関数とは、一般的に、データとそれを説明するモデルとの誤差を、パラメーターで表現したものです。ニューラルネットワークの場合は、重みと閾値の関数となります。

それでは、その目的関数を求めましょう。

リカレントニューラルネットワークも、基本は「教師あり学習」を用いて「学習」します。この「教師あり学習」は、予測材料と正解ラベルのペアからできています。いま調べている〔課題Ⅲ〕では、正解ラベルは言葉の「最後尾の文字」です。

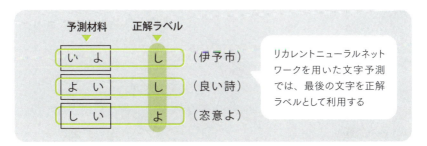

リカレントニューラルネットワークを用いた文字予測では、最後の文字を正解ラベルとして利用する

(注)予測材料と正解ラベルについては、1章§5を参照してください。

ニューラルネットワークでも調べたように、正解ラベルを表現するの

に便利なものが「正解変数」 t です。この変数 t は、課題の題意とデータ表現（§1 (1)、(2)）から、次の値を持ちます。

文字	「い」	「よ」	「し」
t_1	1	0	0
t_2	0	1	0
t_3	0	0	1

3章、4章で詳しく調べたように、この正解変数を利用すると、リカレントニューラルネットワークの出力と正解との誤差（平方誤差）が簡単に表現できます。

平方誤差 $e = (t_1 - z_1)^2 + (t_2 - z_2)^2 + (t_3 - z_3)^2$ …(1)

(注)多くの文献では係数に1/2を付加します。微分した形がきれいになるからです。本章では微分を考えないので、この(1)の形を採用します。

ここで、z_1、z_2、z_3 は出力層のユニット Z_1、Z_2、Z_3 の出力です。次の例で、式 (1) の意味を確認してください。

(例)「しよい」（詩良い）の「しよ」を入力したとき、正解ラベルは「い」（$=(1, 0, 0)$）ですが、このとき z_1、z_2、z_3 を出力層のユニット Z_1、Z_2、Z_3 の出力として、平方誤差は次のように表わせます。

平方誤差 $e = (1 - z_1)^2 + (0 - z_2)^2 + (0 - z_3)^2$

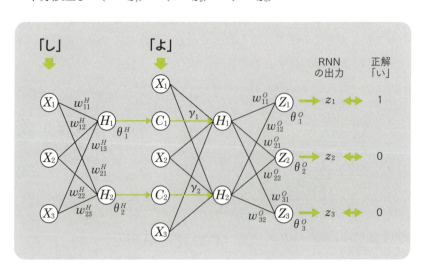

式（1）で求められる平方誤差eをデータ全体で合計すれば、誤差の総和を表わす目的関数Eが得られます。

$$E = e_1 + e_2 + \cdots + e_8 \quad \cdots (2)$$

ここで、e_kは〔課題Ⅲ〕に示した表（下記再掲）の上からk番目の言葉についての平方誤差（式（1））で、次のように表わせます（$k = 1, 2, \cdots, 8$）。

$$e_k = (t_1[k] - z_1[k])^2 + (t_2[k] - z_2[k])^2 + (t_3[k] - z_3[k])^2 \cdots (3)$$

この(3)式で、$t_1[k]$、$t_2[k]$、$t_3[k]$はk番目の言葉についての正解ラベル、$z_1[k]$、$z_2[k]$、$z_3[k]$はk番目のデータについての出力層のユニットの出力です。この記法についても、ニューラルネットワークのときと同様です（4章）。

ここでk番目の正解ラベル（略して正解）を確認しておきます。

k	言葉（読み）	入力文字	正解
1	伊予市（いよし）	「いよ」	し
2	意志よ（いしよ）	「いし」	よ
3	良い詩（よいし）	「よい」	し
4	吉井（よしい（人の名））	「よし」	い
5	恣意よ（しいよ）	「しい」	よ
6	詩良い（しよい）	「しよ」	い
7	詩よ（しよ）	「し」	よ
8	葦（よし（植物名））	「よ」	し

(注)ブロックを区別するために、入力層や隠れ層、状態層の出力にも、同じ記号「$[k]$」を利用しています。意味が異なり、用いる場所も異なるので、混乱は起きないでしょう。

以上で目的関数が得られました。式（2）に示された目的関数Eを最小にするパラメーター（すなわち重みと閾値）を探すことが、次の目標になります。これがリカレントニューラルネットワークの「学習」となります。

6 リカレントニューラルネットワークの「学習」

〜目的関数を最小化する重みと閾値を求める

前節では目的関数を求めました。この関数から、実際にリカレントニューラルネットワークを決定しましょう。

リカレントニューラルネットワークをExcelで表現

　リカレントニューラルネットワークのしくみとその決定法は、これまで調べてきた通りです。その決定法を実現するにはコンピューターによる計算が必要です。これまで通りExcelを用いて計算し、お手軽にパラメーターを決定してみましょう。

　Excelのような表計算ソフトを利用すると、簡単なニューラルネットワークを実に容易に表現できます。表計算ソフトの1セルが、ニューラルネットワークの1ユニットに対応するからです。

　しかし、リカレントニューラルネットワークは隠れ層のユニットの「重み付きの和」「入力の線形和」が大切です。この和にコンテキストノードの出力が効いてくるからです。

　そこで、本節では、「1セルが1ユニット」の原則を破棄して、途中の和の計算も明示することにします。こうすることで、状態層の働きを見ることができるからです。

リカレントニューラルネットワークの「学習」

　それでは、ステップを追いながら、実際に計算してみましょう。
①重みと閾値の初期値を設定します。
　本節のリカレントニューラルネットワークでは「回帰の重み」が重要です。それを含めて、次の図のように初期値を設定します。

最後の文字の予測

重みと閾値

	X1	X2	X3	C	閾値
隠 H1	3.04	16.21	8.04	65.20	9.58
層 H2	7.94	8.91	21.42	4.98	12.64

	H1	H2	閾値
出 Z1	78.90	96.50	83.90
力 Z2	-74.30	-6.04	-9.56
層 Z3	36.03	-41.31	-6.51

（「回帰の重み」の初期設定）

（初期値として適当に数字を割り振る。計算結果は、この初期値に大きく依存する）

②最初の言葉「いよし」（伊予市）について関係式をセルに埋め込みます。

次図で、「C」は状態層、「H」は隠れ層、「和」は閾値を削除した「重み付きの和」（§3）、「S」は「入力の線形和」の欄を表わします。また、「誤差e」は平方誤差を表わします。

最後の文字の予測

		い	よ	し				文字数	
	いよし					1	いよし	3	
表	い	よ	し				い	よ	し
1	1	0	0		入	1	1	0	0
2	0	1	0		力	2	0	1	0
3	0	0	1		層	3	0	0	1

重みと閾値 ／ 隠れ層

	X1	X2	X3	C	閾値			1	2	3
隠 H1	3.04	16.21	8.04	65.20	9.58	和	H1	3.04	16.21	
層 H2	7.94	8.91	21.42	4.98	12.64		H2	7.94	8.91	
						C	C1	0.00	0.00	
	H1	H2	閾値				C2	0.00	0.01	
出 Z1	78.90	96.50	83.90			S	H1	-6.54	6.72	
力 Z2	-74.30	-6.04	-9.56				H2	-4.70	-3.68	
層 Z3	36.03	-41.31	-6.51			出力	H1	0 / 0.00	1.00	
							H2	0 / 0.01	0.02	

出力層

		1	2	3
	Z1		-2.73	
S	Z2		-64.80	
	Z3		41.49	
	Z1		0.06	
出力	Z2		0.00	
	Z3		1.00	

誤差e	誤差e
	0.00

目的関数 E	8.61

（§4に示した関係式を埋め込む）

（平方誤差（§5式(3)）

③与えられた8つの言葉について、②の関数を右方向にコピーします。

〔課題Ⅲ〕で与えられた言葉すべてについて、②と同一の処理を行ないます。

④目的関数を求め、ソルバーを実行します。

ステップ③から、すべての言葉について平方誤差 e が算出されているので、その和を求め、目的関数 E とします。

この目的関数のセルを「目的セルの設定」欄に設定し、ソルバーを実行します。

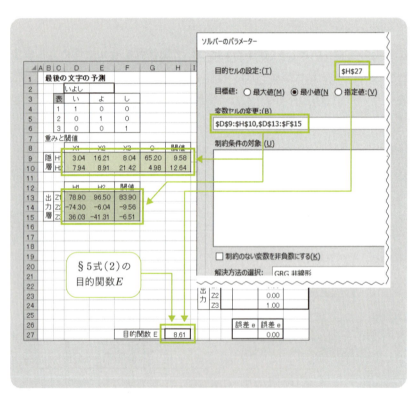

（注）本節の計算では、パラメーターに負を許容しています。

次図のソルバーの実行結果です。

▲	A	B	C	D	E	F	G	H
1	最後の文字の予測							
7	重みと閾値							
8				X1	X2	X3	C	閾値
9	隠	H1		3.02	18.29	2.53	65.06	16.88
10	層	H2		7.92	8.52	21.55	4.91	13.44
11								
12				H1	H2	閾値		
13	出	Z1		72.83	90.10	96.13		
14	力	Z2		−66.62	−4.67	−12.99		
15	層	Z3		10.98	−74.34	−5.70		

最適化された重み
と閾値。初期値を
変えると大きく変
化することに注意

この時、目的関数 E の値は0になります。リカレントニューラルネットワークのモデルはデータとよく合致していることがわかります。

学習済みリカレントニューラルネットワークをテスト

いま確定したリカレントニューラルネットワークを用いて、それが正しく動作するか確認してみます。

memo 平方誤差の計算に便利な SUMXMY2

Excelにおいて、平方誤差 e の算出に便利なのが SUMXMY2 関数です。次の例で確認しましょう。

（例）$(x, y) = (0.9, 0.1)$、$(a, b) = (0.8, 0.3)$ とするとき、次の「差の平方和」 e を、SUMXMY2関数を用いて求めましょう。

$$e = (x - a)^2 + (y - b)^2$$

B3	▼	:	×	✓	f_x	=SUMXMY2(B1:B2,D1:D2)

▲	A	B	C	D	E	F
1	x	0.9	a	0.8		
2	y	0.1	b	0.3		
3	e	0.05				

SUMXMY2の関数名は「**X** マイナス **Y** の **2** 乗の和（**SUM**）」の色文字部分から取られています。

次の図は「よいし」（良い詩）と入力するつもりで「よい」と入力した図です。「し」に反応する出力層3番目のユニット Z_3 の出力が最大になっています。正しく「し」を予測したことになります。この例では目的関数の値が0なので、この結果は当然でしょう。

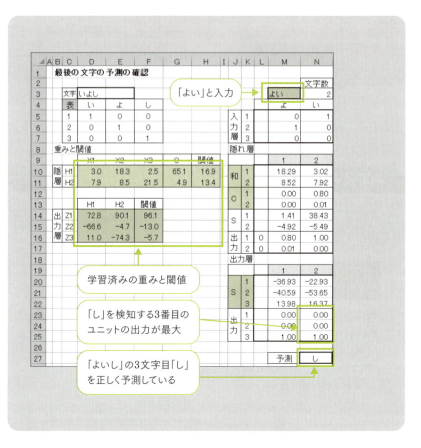

■確認

〔課題Ⅲ〕を利用して、リカレントニューラルネットワークの有効性を確認しました。言葉数が少ないと心配されるかもしれませんが、いま調べたリカレントニューラルネットワークは、現実的に時系列データの分析に大きな力を発揮しています。本章の課題でそのしくみがわかれば、今後のディープラーニングの応用で、大きな財産になるでしょう。

memo リカレントニューラルネットワークの図示

本書では、理解のしやすさのために、リカレントニューラルネットワークを次図左のように表示しました。また、多くの文献では、これを次図右のように表現することも調べました。

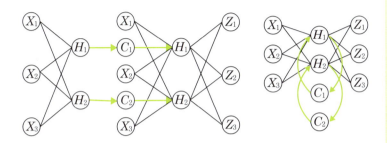

ところで、リカレントニューラルネットワークの表現として、この右図を左に90°回転し、さらに簡素化した次の図（次図左）もよく利用されます。

リカレントニューラルネットワークの簡略図

次図のように展開すると、意味がわかりやすいでしょう。

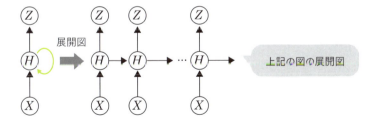

上記の図の展開図

7章

誤差逆伝播法の しくみがわかる

ニューラルネットワークの「学習」を支える計算法が
誤差逆伝播法です。
ニューラルネットワークのユニットの特性を利用して、
最適化の計算を容易にしてくれます。
本章では、この計算法のしくみについて調べることにします。

（注）高校では習わない偏微分を多用します。
不案内の際には付録Gを先にご覧ください。

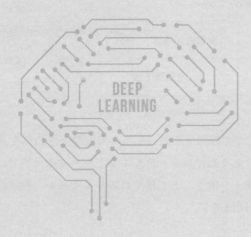

1 最適化計算の基本となる勾配降下法

～勾配が最も急な所を選んで坂道を下る方法

ニューラルネットワークの「学習」には、目的関数を最小化する重みと閾値を探す必要があります。そのための技法として有名なのが誤差逆伝播法です。勾配降下法はそのための基本を提供します。

勾配降下法は機械学習の基本

勾配降下法は**最急降下法**とも呼ばれます。多くの機械学習のための基本的な計算技法です。

機械学習とはAI（人工知能）の世界の言葉で、機械（コンピューター）がデータから「学習」するさまざまな論理をいいます。ディープラーニングもその一つです。

そのディープラーニングは次節で紹介する「誤差逆伝播法」が計算の主役となります。この**誤差逆伝播法も、勾配降下法が基礎になっています**。

勾配降下法はディープラーニングを支える

本節では主に2変数関数を例にして、勾配降下法の話を進めます。機械学習の世界、とりわけニューラルネットワークの世界では、何十万というパラメーターを扱うことも稀ではありませんが、数学的原理はこの2変数の場合と同様です。

勾配降下法のアイデア

勾配降下法の考え方を見てみましょう。

いま、平地にクレーターのような大きな穴が開いているとします。穴の斜面は滑らかとし、その斜面上の点Aを考えます。狭い範囲ならば、斜面は平面と見なせます。

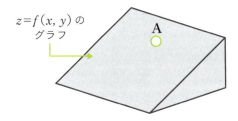

$z=f(x, y)$のグラフ

点Aの近くの斜面。狭い範囲ならば平面と見なせる

この点Aにピンポン球を置き、そっと手を放してみます。玉は最も急な斜面を選んで転がり始めるでしょう。次図でいうと、Qの方向に進むはずです。傾斜がその方向に最も急だからです。

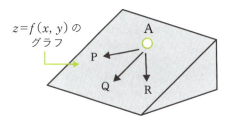

$z=f(x, y)$のグラフ

玉は最急坂（AQの方向）を探して転がり始める

少し進んだら、球を止め、その位置から再度放してみましょう。球はまたその点で最も急な傾斜を選び、転がり下ります。

この操作を何回も繰り返せば、ピンポン玉は最短で穴の底にたどり着くでしょう。この動きをまねたのが「勾配降下法」です。

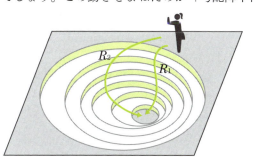

ピンポン玉の動きを人がたどると、人は最短のルートR_1で穴の底（最小値）にたどり着く

簡単に言えば、「一番急な傾斜を選びながら下りる」イメージが勾配降下法です。勾配降下法は「最急降下法」とも呼ばれるのは、このイメージがあるからです。

近似公式と内積の関係

勾配降下法を数学的に調べる前に、関数の性質を先に調べます。

滑らかな関数 $z = f(x, y)$ において、x を Δx だけ、y を Δy だけ変化させたとき、その値の変化を Δz で表わしましょう。

$$\Delta z = f(x + \Delta x,\ y + \Delta y) - f(x, y) \quad \cdots (1)$$

すると、有名な近似公式（付録H）から、次の関係式が成立します。

$$\Delta z = \frac{\partial f(x, y)}{\partial x} \Delta x + \frac{\partial f(x, y)}{\partial y} \Delta y \quad \cdots (2)$$

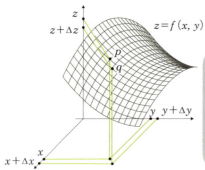

関数 $z = f(x, x)$ のグラフ。図において、Δz と Δx、Δx の間には(2)の関係が成立する。ここで
$P(x, y, f(x, y))$
$Q(x + \Delta x, y + \Delta y, f(x + \Delta x, y + \Delta y))$
と表わせる

さて、よく見ると式（2）の右辺は、次の2つのベクトルの内積の形をしています。

$$\left(\frac{\partial f(x, y)}{\partial x},\ \frac{\partial f(x, y)}{\partial y} \right),\ (\Delta x,\ \Delta y) \quad \cdots (3)$$

$\left(\dfrac{\partial f(x, y)}{\partial x}, \dfrac{\partial f(x, y)}{\partial y} \right)$

$(\Delta x,\ \Delta y)$ 内積 ➡ $\Delta z = \dfrac{\partial f(x, y)}{\partial x} \Delta x + \dfrac{\partial f(x, y)}{\partial y} \Delta y$

(2)の左辺 Δz は(3)の2つのベクトルの内積で表わされる

(3) の左のベクトル $\left(\dfrac{\partial f(x, y)}{\partial x}, \dfrac{\partial f(x, y)}{\partial y}\right)$ を、点 (x, y) における関数 $f(x, y)$ の勾配（gradient）と呼びます。右のベクトルを変位ベクトルと呼びます。

$$\begin{cases} 勾配：\left(\dfrac{\partial f(x, y)}{\partial x}, \dfrac{\partial f(x, y)}{\partial y}\right) \cdots (4) \\ 変位ベクトル：(\Delta x, \ \Delta y) \quad \cdots (5) \end{cases}$$

このような「式（2）をベクトルで見る」という見方から、勾配降下法の基本式が得られます。

内積の性質

ベクトルの大きさ（すなわち矢の長さ）が一定の2つのベクトルを考えているとき、ベクトルの内積には次の有名な性質があります。

「内積が最小になるのは、2つのベクトルが反対向きのとき」

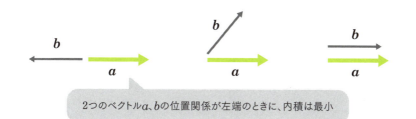

2つのベクトルa、bの位置関係が左端のときに、内積は最小

式で表現すると、次のようにまとめられます。

> ベクトル a、b の大きさが一定のとき、その内積が最小になるのは
> $b = -\eta\, a$（η は正の定数）$\cdots$ (6)
> のときである。

(注) η はイータと読むギリシャ文字です。多くの文献で、勾配降下法の記述に利用されています。

この式（6）の関係が、勾配降下法の基本になります。

ちなみに、ベクトル a、b の「内積が最小」となるときの値は、次のように負の値です。

内積の最小値 $= -|a||b|$（$|a|$、$|b|$ はベクトル a、b の大きさ）

勾配降下法の基本式

数学の準備が整いました。これから「勾配降下法」の公式を求めることにしましょう。

先に、勾配降下法は「ピンポン球が最も急な斜面を選んで転がり下りる」というイメージで理解できるといいました。このイメージと、いま調べたベクトルの知識（6）を組み合わせてみましょう。

x を Δx だけ、y を Δy だけ少し変化させるとき、関数 $z = f(x, y)$ は式（2）で表わされる Δz だけ変化します。その Δz は 2 つのベクトル（4）、（5）の内積です。その内積は前ページの式（6）が成立するとき、最小になります。この 3 段論法から、次の公式が得られます。

> 次の関係を満たすように x を Δx だけ、y を Δy だけ少し変化させると、関数 $f(x, y)$ は最も減少する。
>
> $$(\Delta x, \ \Delta y) = -\eta \left(\frac{\partial f(x, y)}{\partial x}, \frac{\partial f(x, y)}{\partial y} \right)$$ （η は正の小さな定数）
>
> … (7)

(注) 正の小さな定数 η は **ステップサイズ**、**ステップ幅** などと呼ばれます。また、機械学習の分野では **学習率** ともいわれます。

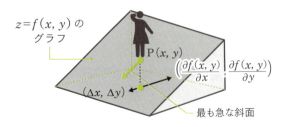

なお、ステップサイズ η を小さくとるのは、最も急な傾斜が場所によって異なるからです。Δx、Δy を小ギザミにすることで、それだけ斜面の急傾斜に沿いながら移動できるようにするのです。

次の〔問〕で公式（7）の使い方を確認しましょう。

〔問〕Δx、Δy は小さい数とします。関数 $z = x^2 + y^2$ において、x、y が各々 1 から $1 + \Delta x$、2 から $2 + \Delta y$ に変化するとき、この関数が最も減少するときのベクトル $(\Delta x, \Delta y)$ を求めましょう。

(解)式(7)から、Δx、Δy は次の関係を満たします。

$$(\Delta x, \Delta y) = -\eta \left(\frac{\partial z}{\partial x}, \frac{\partial z}{\partial y} \right) \quad (\eta \text{ は正の小さな定数})$$

$\frac{\partial z}{\partial x} = 2x$, $\frac{\partial z}{\partial y} = 2y$ で、題意から $x = 1$、$y = 2$ より、

$$(\Delta x, \Delta y) = -\eta (2, 4) \quad (\eta \text{ は正の小さな定数})$$

(解終)

勾配降下法

公式(7)が勾配降下法の基本式となります。この公式(7)に従って移動すると、最も急な斜面を下りることができます。操作としてまとめておきましょう。

式(7)に従って点 (x, y) から点 $(x + \Delta x, y + \Delta y)$ へ移動する。 …(8)

この操作(8)を繰り返し適用すると、斜面を最短で下ることができます。これが**勾配降下法**です。

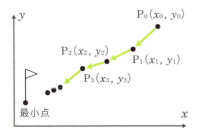

初期位置 P_0 から移動(8)を利用して最も勾配の急な点 P_1 の位置を求め、位置 P_1 から再び移動(8)を利用して、さらに点 P_2 の位置を求める。これを繰り返すのが勾配降下法。

3変数以上の場合に勾配降下法を拡張

2変数の基本式(7)、勾配降下法(8)を3変数以上に一般化するのは容易でしょう。滑らかな関数 f が n 変数 $x_1, x_2, \cdots, x_n$ から成り立つとき、勾配降下法の基本式(7)は次のように一般化できます。

> η を正の小さな定数として、変数 x_1、x_2、$\cdots$、x_n が $x_1 + \Delta x_1$、$x_2 + \Delta x_2$、$\cdots$、$x_n + \Delta x_n$ に変化するとき、関数 f が最も減少するのは次の関係を満たすときである。
>
> $$(\Delta x_1,\ \Delta x_2,\ \cdots,\ \Delta x_n) = -\eta \left(\frac{\partial f}{\partial x_1},\ \frac{\partial f}{\partial x_2},\ \cdots,\ \frac{\partial f}{\partial x_n} \right) \cdots (9)$$

そして、2変数関数の場合と同様、次の移動を繰り返すのが、一般的な勾配降下法となります。

> 式(9)に従って
> 点 $(x_1,\ x_2,\ \cdots,\ x_n)$ から点 $(x_1 + \Delta x_1,\ x_2 + \Delta x_2,\ \cdots,\ x_n + \Delta x_n)$ へ移動する。 $\cdots (10)$

ちなみに、式(9)の正の小さな定数 η を、2変数のときと同様、**ステップサイズ**、**ステップ幅**、または**学習率**と呼びます。

ディープラーニングの実際の計算では、変数の数 n が何十万となる場合もあります。そのような計算では、この勾配降下法は強い味方となります。

ちなみに、2変数関数(4)のときと同様、次のベクトルを n 変数関数 f の点 $(x_1,\ x_2,\ \cdots,\ x_n)$ における**勾配**といいます。

$$勾配: \left(\frac{\partial f}{\partial x_1},\ \frac{\partial f}{\partial x_2},\ \cdots,\ \frac{\partial f}{\partial x_n} \right) \cdots (11)$$

η の意味と勾配降下法の注意点

これまでステップサイズ η は単に「正の小さな定数」と表現してきました。ところで、実際にコンピューターで計算する際、この η をどのように決めればよいかは大きな問題になります。

式(7)、(9)からわかるように、η は人が移動する際の「歩幅」と見立てられます。この η で決められた値に従って次に移動する点が決められるからです。

歩幅が大きいと最小値に達しても、それを飛び越してしまう危険があ

ります（次図左）。また、歩幅が小さいと、極小値で停留してしまう危険があります（次図右）。

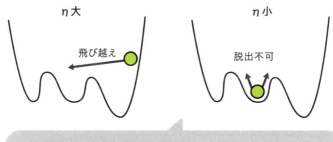

η を適切に決めないと、最小値を飛び越えたり、極小値に停留したりする

　このような問題は、個々の関数の性質に依存します。そのため、η の決め方について一般的な基準はありません。試行錯誤でより良い値を探すしかありません。

局所解問題

　これまでは安易に「(8) や (10) の操作を行なえば、最短で最小値に到着できる」と表現してきました。しかし、上の図を見ればわかるように、そう簡単にはいかないのです。
　滑らかな関数のグラフを考えるとき、上の図に示したように、最小とともに極小となる点があるからです。

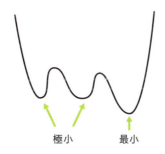

　この極小の点に陥ることを**局所解問題**といいます。この問題を避けるために、さまざまな計算法が編み出されています。代表的なものとして、**確率的勾配降下法**が有名です。

2 誤差逆伝播法（バックプロパゲーション法）のしくみ

～ニューラルネットワークの「学習」で最も有名な技法

実際のニューラルネットワークの「学習」には、目的関数を最小にする何十万もの重みと閾値を探す必要があります。本節では、その代表的な探し方で有名な「誤差逆伝播法」について調べましょう。

具体例で調べる

誤差逆伝播法は**バックプロパゲーション法**、略して**BP法**とも呼ばれます。ディープラーニングが「学習」のときに利用する、最も有名な計算術です。難しそうに思えますが、具体例で見ればしくみは簡単です。4章で調べた〔課題Ⅰ〕（下記に再掲）を利用して、具体的にそのしくみを調べましょう。

〔課題Ⅰ〕5×4画素の白黒2値画像として読み取った手書き文字「A」「P」「L」「E」を識別するニューラルネットワークを作成しましょう。ただし、正解ラベル付きの128枚の文字画像を訓練データとします。活性化関数はシグモイド関数を利用します。

（注）付録Aに訓練データを示します。

なお、この課題に対するニューラルネットワークを確認します。

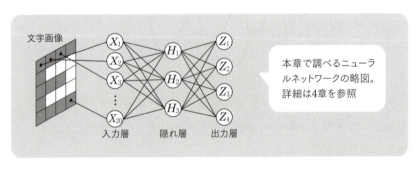

本章で調べるニューラルネットワークの略図。詳細は4章を参照

畳み込みニューラルネットワーク(5章)やリカレントニューラルネットワーク(6章)についても、対応する誤差逆伝播法があります。この〔課題Ⅰ〕が理解されていれば、それらへの応用も容易です。

目的関数は複雑

4章§6で調べたように、ニューラルネットワークを決定するには、次に示す目的関数Eを最小にする重みと閾値を探す必要があります。

$$E = e_1 + e_2 + \cdots + e_{128} \quad (128は画像の枚数) \cdots (1)$$

ここで、e_kはk番目の画像から算出される平方誤差(4章§6)で、次のように表現されます($k = 1, 2, \cdots, 128$)。

$$e_k = \frac{1}{2}\{(t_1[k] - z_1[k])^2 + (t_2[k] - z_2[k])^2 + (t_3[k] - z_3[k])^2 + (t_4[k] - z_4[k])^2\} \cdots (2)$$

(注) 4章の平方誤差には係数1/2を付加していません。本章では、微分計算を楽にするために、この係数を付けています。この係数の有無は結果には影響しません。

目的関数Eと各画像から算出される平方誤差e_kとの関係を次図で確認してください。

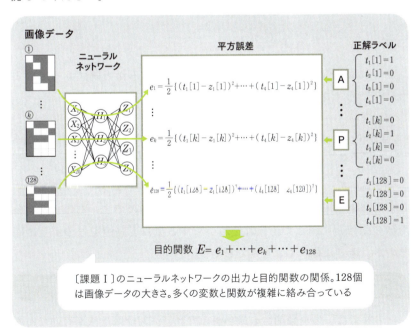

〔課題Ⅰ〕のニューラルネットワークの出力と目的関数の関係。128個は画像データの大きさ。多くの変数と関数が複雑に絡み合っている

注意すべきことは、式（2）にある出力層の出力$z_1[k] \sim z_4[k]$は、重みと閾値からなる大変複雑な関数式であるということです。4章で解説した式を確認してみましょう。出力層の出力$z_1[k] \sim z_4[k]$は次の(3)(4)の計算から苦労して得られる「重みと閾値の関数」なのです。

〔隠れ層の関係〕
$$\left.\begin{array}{l} s_j^H = w_{j1}^H x_1 + w_{j2}^H x_2 + w_{j3}^H x_3 + \cdots + w_{j20}^H x_{20} - \theta_j^H \\ h_j = \sigma(s_j^H) \quad (j = 1, 2, 3、\sigma はシグモイド関数) \end{array}\right\} \cdots (3)$$

〔出力層の関係〕
$$\left.\begin{array}{l} s_k^O = w_{k1}^O h_1 + w_{k2}^O h_2 + w_{k3}^O h_3 - \theta_k^O \\ z_k = \sigma(s_k^O) \quad (k = 1, 2, 3, 4、\sigma はシグモイド関数) \end{array}\right\} \cdots (4)$$

(注)これらの式の意味については、4章§5をご覧ください(次図も確認)。

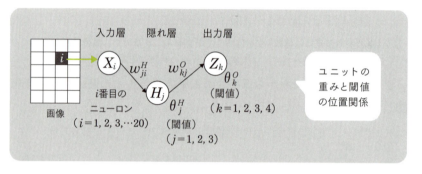

さらに面倒なことは、式(3)、(4)では、重みwと閾値θは次のように計79個もある、ということです。

パラメーター数 = $(20 + 1) \times 3 + (3 + 1) \times 4 = 79$

(注)式の中で、「20」は入力層のユニット数、「3」は隠れ層のユニット数、「4」は出力層のユニット数です。

いま調べているニューラルネットワークは大変シンプルなモデルです。こんな簡単なモデルでも、79個もの変数があるのです。このような多変数の関数Eに関して、それを最小にする重みと閾値をどのように探すのか、途方に暮れてしまうでしょう。

勾配降下法も手に負えない

前の節では、多変数関数の最小値の計算に、勾配降下法が有効である

と説明しました。この課題に対して、勾配降下法の原理となる式を書き下してみましょう。

式（1）で与えられた目的関数 E において、重み w_{11}^H、…、w_{11}^O、… と閾値 θ_1^H、…、θ_1^O、…（合計 79 個）を順に

$$\left. \begin{array}{l} w_{11}^H + \Delta w_{11}^H , \cdots, \quad \theta_1^H + \Delta\theta_1^H , \cdots \\ w_{11}^O + \Delta w_{11}^O , \cdots, \quad \theta_1^O + \Delta\theta_1^O , \cdots \end{array} \right\} \cdots (5)$$

と微小に変化させたとき、関数 E が最も減少するのは次の関係が成立する場合である。η は正の小さな定数とする。

$$(\Delta w_{11}^H , \cdots, \ \Delta\theta_1^H , \cdots, \ \Delta w_{11}^O , \cdots, \ \Delta\theta_1^O , \cdots)$$
$$= -\eta \left(\frac{\partial E}{\partial w_{11}^H} , \cdots, \ \frac{\partial E}{\partial \theta_1^H} , \cdots, \ \frac{\partial E}{\partial w_{11}^O} , \cdots, \ \frac{\partial E}{\partial \theta_1^O} \right) \cdots (6)$$

この式（6）に従って重みと閾値を変化させると、最速に目的関数 E の最小値の点にたどり着ける、というのが勾配降下法です。

式（6）の右辺にある（ ）内の微分式

$$\left(\frac{\partial E}{\partial w_{11}^H} , \cdots, \ \frac{\partial E}{\partial \theta_1^H} , \cdots, \ \frac{\partial E}{\partial w_{11}^O} , \cdots, \ \frac{\partial E}{\partial \theta_1^O} \right) \cdots (7)$$

は「勾配」と呼ばれるベクトルであることを前節で調べました。

先にも調べたように、この勾配の要素一つひとつの微分計算をすることは容易ではありません。まして、それが79個もあるのです。

そこで登場するのが「誤差逆伝播法」です。

「目的関数」の勾配は「各画像の平方誤差」の勾配の和

さて、本論に入る前に、式（1）、（7）から次のことを確認しましょう。
「目的関数 E の勾配」は「平方誤差 e_k の勾配」の和。

ここで、「平方誤差 e_k の勾配」とは k 番目の画像から得られた平方誤差 e_k（式（2））の「勾配」で、次の式で表わされます。

$$\left(\frac{\partial e_k}{\partial w_{11}^H} , \cdots, \ \frac{\partial e_k}{\partial \theta_1^H} , \cdots, \ \frac{\partial e_k}{\partial w_{11}^O} , \cdots, \ \frac{\partial e_k}{\partial \theta_1^O} \right) \cdots (8)$$

以上から、目的関数 E の微分計算をするには、最初に平方誤差 e_k を計算し、それらを加え合わせて行なえばよいことになります。

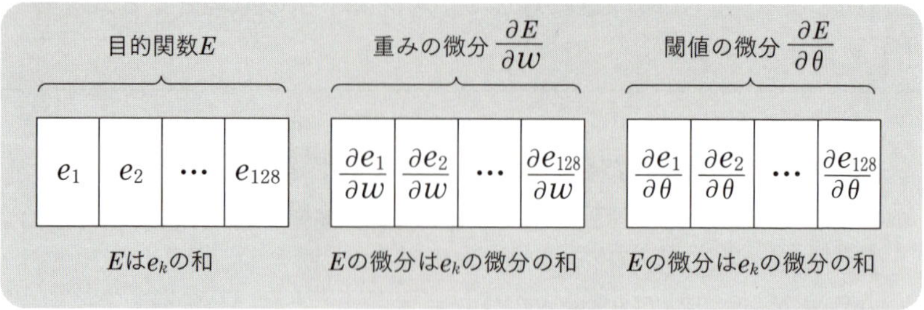

もっと簡単にいうと、「目的関数の計算は、まず与えられた画像ごとに行ない、最後に加え合わせればよい」と表現できます。これは、式を議論したり、実際に計算するためのプログラムをつくったりするときに、大変便利な性質です。

これからの解説では、「平方誤差e_kの勾配」を中心にします。そこで、表記ではk番目の画像の「k」の添え字を省きます。すなわち、次のようにeを定義します。

$$e = \frac{1}{2}\{(t_1 - z_1)^2 + (t_2 - z_2)^2 + (t_3 - z_3)^2 + (t_4 - z_4)^2\} \cdots (9)$$

解釈する際には、適宜「k番目の画像」についての「平方誤差」と見なしてください。

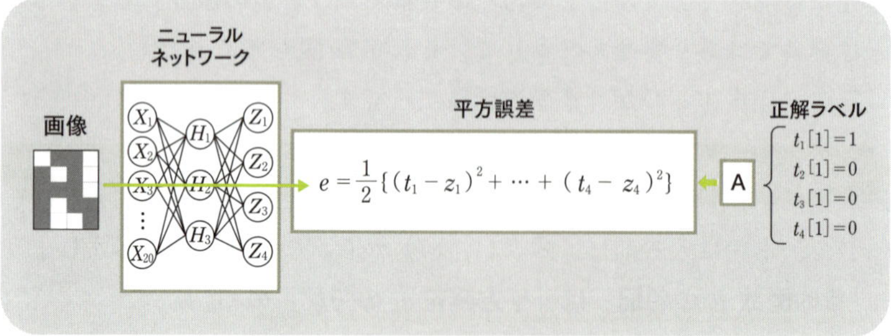

ユニットの誤差δの導入

ようやく準備が整いました。いよいよ本論である誤差逆伝播法のしくみについて調べることにしましょう。

誤差逆伝播法の「キモ」となるアイデアは、式（9）の平方誤差eの

計算に、**ユニットの誤差**（errors）と呼ばれる変数 δ を導入することです。これは次のように定義されます。

$$\delta_j^H = \frac{\partial e}{\partial s_j^H} \ (j = 1, 2, 3)、 \delta_k^O = \frac{\partial e}{\partial s_k^O} \ (k = 1, 2,) \ \cdots (10)$$

（注）δ は「デルタ」と読まれるギリシャ文字で、アルファベットのdに相当します。なお、「ユニットの誤差」と平方誤差(2)では、同じ「誤差」が付いていても、意味が異なります。

式（10）で、微分する変数は、式（3）（4）で確認した「入力の線形和」s_j^H と s_k^O であることに注意しましょう。ここが肝要です。そして、こうして得られた「ユニットの誤差」δ を利用すると、勾配計算（8）の微分計算が魔法を使ったように簡単になります。

勾配をユニットの誤差 δ から算出

この「ユニットの誤差」δ で、平方誤差 e の勾配成分を表わしてみましょう。結論から見ると、次のように簡単に表わせます。

$$\left.\begin{array}{l} \dfrac{\partial e}{\partial w_{ji}^H} = \delta_j^H x_i、 \quad \dfrac{\partial e}{\partial \theta_j^H} = -\delta_j^H (i = 1, 2, \cdots, 12, \ j = 1, 2, 3) \\[2mm] \dfrac{\partial e}{\partial w_{ji}^O} = \delta_j^O h_i、 \quad \dfrac{\partial e}{\partial \theta_j^O} = -\delta_j^O (i = 1, 2, 3, \ j = 1, 2) \end{array}\right\} \cdots (11)$$

式（11）の証明には偏微分についての知識が要求されます。話の流れを大切にしたいので、証明は付録Jで行ないます。

さて、この式（11）から、式（10）で定義されたユニットの誤差 δ が得られれば、平方誤差 e の勾配が簡単に得られることがわかります。そこで、次に、ユニットの誤差 δ の求め方を調べましょう。

出力層の「ユニットの誤差」δ_j^O を算出

最初に出力層の「ユニットの誤差」を具体的に算出してみましょう。出力層の活性化関数をシグモイド関数 $z = \sigma(s)$ とすると、**チェーンルール**という簡単な微分公式の計算から（付録G）、次の式が得られます。

$$\delta_k^O = \frac{\partial e}{\partial s_k^O} = \frac{\partial e}{\partial z_k}\frac{\partial z_k}{\partial s_k^O} = \frac{\partial e}{\partial z_k}\sigma'(s_k^O) \quad (k = 1, 2, \cdots, 4) \cdots (12)$$

(注)高校の教科書では「合成関数の微分」と呼ばれる定理を利用しています。

ところで、式（9）から、

$$\frac{\partial e}{\partial z_k} = -(t_k - z_k)$$

これらを式（12）に代入して、

$$\delta_k^O = -(t_k - z_k)\,\sigma'(s_k^O) \quad (k = 1, 2, \cdots, 4) \cdots (13)$$

さて、右辺にはシグモイド関数 σ の微分形 σ' が含まれています。これは、3章§1で確認したように、次のように簡単に計算されます。

$$\sigma'(s) = \sigma(s)\{1 - \sigma(s)\}$$

すると、式（13）の右辺には微分に関係する項がなくなるのです。こうして、微分という煩わしさから解放されて、出力層の「ユニットの誤差」δ_j^O が求められます。

誤差逆伝播法から中間層の「ユニットの誤差」δ_j^H を求める

出力層の式（13）を導いたのと同様に計算すると、隠れ層の「ユニットの誤差」δ_j^H について次の関係が導き出せます。

$$\delta_j^H = (\delta_1^O w_{1j}^O + \cdots\cdots + \delta_4^O w_{4j}^O)\,\sigma'(s_j^H) \quad (j = 1, 2, \cdots, 4) \cdots (14)$$

(注)この公式の証明は付録Kで調べます。チェーンルールから得られます。

右辺の δ_1^O などは式（13）で得られています。そこで、この式（14）を利用すれば、隠れ層のユニットの誤差 δ_j^H についても、面倒な微分計算をしなくても得られるのです。

ニューラルネットワークの計算は、隠れ層から出力層に向かいます。しかし、式（14）を見ればわかるように、「ユニットの誤差」δ の算出は、逆に、出力層から隠れ層に向かいます。これが「誤差逆伝播法」と呼ばれる理由です。

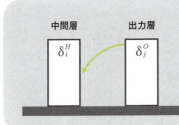

誤差逆伝播法のしくみ
出力層のδが求められていれば、中間層のδも簡単に求められる。ネットワークの方向とは関係が逆になっている

〔問〕〔課題Ⅰ〕において、δ_2^H を $\delta_1^O \sim \delta_4^O$ で表わしてみましょう。なお、活性化関数はシグモイド関数 $\sigma(s)$ とします。

(解) 式(14)から、 $\delta_2^H = (\delta_1^O w_{12}^O + \cdots\cdots + \delta_4^O w_{42}^O) \sigma'(s_2^H)$
また、シグモイド関数 $\sigma(s)$ の微分公式(3章§1)から、
$\sigma'(s_2^H) = \sigma(s_2^H)\{1 - \sigma(s_2^H)\}$
これを上記の式(9)に代入して、
$\delta_2^H = (\delta_1^O w_{12}^O + \cdots\cdots + \delta_4^O w_{42}^O)\ \sigma(s_2^H)\{1 - \sigma(s_2^H)\}$ (解終)

誤差逆伝播法による計算の実際

以上が誤差逆伝播法のしくみです。
実際の計算のために、これまでのことを整理しておきましょう。

(ⅰ) 訓練データの各画像について、
・式(13)(14)から、「ユニットの誤差」 δ を算出。
・式(11)から、e の勾配を算出。
(ⅱ) (ⅰ)で求めた e の勾配を全画像について合計し、目的関数 E の勾配を算出。
(ⅲ) 式(6)を利用して、重みと閾値を新たな値に更新する。
勾配降下法に従い、(ⅰ)〜(ⅲ)を繰り返すことで、目的関数 E の最小値を実現する重みと閾値を探す。

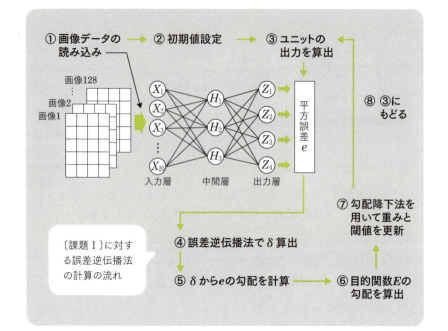

〔課題Ⅰ〕に対する誤差逆伝播法の計算の流れ

memo ハミルトン演算子 ∇

　実用的なニューラルネットワークでは、何十万という変数から構成された関数の最小値が問題になることがあります。そこでは、式（6）のような表現が冗長になります。

　数学の世界に「ベクトル解析」と呼ばれる分野がありますが、そこでよく用いられる記法に記号 ∇ があります。∇ は **ハミルトン演算子** と呼ばれますが、次のように定義されます。

$$\nabla f = \left(\frac{\partial f}{\partial x_1},\ \frac{\partial f}{\partial x_2},\ \cdots,\ \frac{\partial f}{\partial x_n} \right)$$

　これを利用すると、勾配降下法の基本式（§1式（9））は次のように簡潔に記述されます。

$$(\Delta x_1,\ \Delta x_2,\ \cdots,\ \Delta x_n) = -\eta\, \nabla f \quad (\eta\text{ は正の小さな定数})$$

（注）∇ は通常「ナブラ」と読まれます。ギリシャの竪琴（ナブラ）の形に似ていることから、その名が来ています。

3 誤差逆伝播法をExcelで体験

~誤差逆伝播法についても、Excelは最強のツールの一つ

誤差逆伝播法をExcelで体験してみましょう。4章で作成したワークシートを利用すると、簡単な操作で誤差逆伝播法が実現されます。

Excelで誤差逆伝播法

§2で提示した〔課題Ⅰ〕を例にして、Excelを用いて誤差逆伝播法の計算を実行してみましょう。

この〔課題Ⅰ〕は、4章で詳しく取り上げた内容です。しかし、そこでは、ニューラルネットワークの「学習」部分をブラックボックスとしました。Excelに備えられた「ソルバー」と呼ばれる最適化ツールを利用して、自動的に重みと閾値を決定したのです。

本節では、Excelのソルバーに頼ることなく、ExcelのVBAと誤差逆伝播法を組み合わせて、自前で重みと閾値を決定しましょう。

4章のワークシートを利用

Excelで誤差逆伝播法を実行する際、4章で作成したExcelのワークシートが役立ちます。そのワークシートに「ユニットの誤差」を追加し、計算を進めることができるのです。

以下では、4章で作成したワークシートを前提として、誤差逆伝播法を実現します。それには、次のステップを追います。

① 4章で作成のワークシートに、計算に必要な定数を設定します。

勾配降下法で利用される「ステップサイズ」ηを与えます。また、計算の繰り返し回数(§1の移動操作(10)の回数)も設定します。

誤差逆伝播法
(例)文字A, P, L, Eの区別

計算回数	経過数
300	

η	
0.05	

計算

> ステップサイズと計算回数をセット

② 4章で作成のワークシートに「ユニットの誤差」δを追加します。

4章で作成したワークシートに、§2で調べた「ユニットの誤差」δの処理を付加します。次図は最初の画像について、δを付加した様子を示しています。

			K	L	M	N	O
1	番号			1			
2-6	文字画像						
7	入力層		0	1	1	0	
8			1	0	1	0	
9			1	1	1	0	
10			1	0	1	1	
11			1	0	0	1	
12	正解		1	0	0	0	
13							
14			h	a'(h)			
15	隠れ層	1	1.00	0.00			
16		2	1.00	0.00			
17		3	1.00	0.00			
18							
19			z	a'(z)			
20	出力層	1	0.64	0.23			
21		2	0.84	0.14			
22		3	0.74	0.19			
23		4	0.72	0.20			
24	誤差e		1.89				
25							
26							
27			δ^O	δ^H			
28	誤差δ	1	-0.08	0.00			
29		2	0.11	0.00			
30		3	0.14	0.00			
31		4	0.15				

> 「ユニットの誤差」δを算出するための関数を入力。関数式は§2を利用。活性化関数aはシグモイド関数σを利用

242　　3　誤差逆伝播法をExcelで体験

③勾配降下法を利用して、各画像の平方誤差 e の勾配を計算します。

4章で作成したワークシートの各画像の処理の下に、誤差逆伝播法を利用して平方誤差 e の勾配を計算します。次図は最初の画像について、δ を付加した様子を示しています。

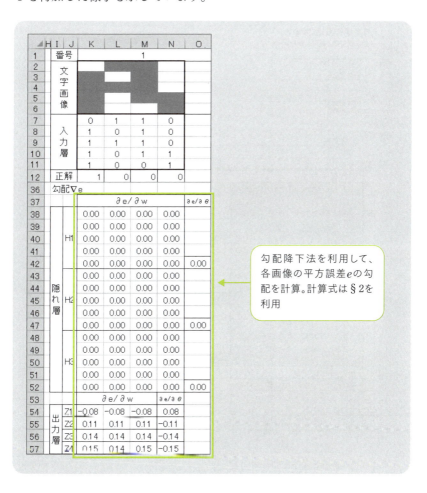

勾配降下法を利用して、各画像の平方誤差 e の勾配を計算。計算式は §2 を利用

④すべての画像について②、③の処理を付加します。

②、③は1番目の画像についての処理でした。そこで、他の残りの画像すべてについても同様の処理をします。それには、関数部分を右方向にコピーすればよいでしょう。

⑤目的関数 E の勾配を計算します。

　④で作成した各画像についての平方誤差 e の勾配を合計し、目的関数 E の勾配を計算します。

	A	B	C	D	E	F	G	H I J	K	L	M	N	O
1		誤差逆伝播法（未学習）							番号			1		
2		（例）文字A、P、L、Eの区別							文字画像					
3														
4			計算回数	経過数										
5			500											
6														
7			η						入力層	0	1	1	0	
8			0.05							1	0	0	0	
9										1	1	1	0	
10										1	0	1	1	
11			正解文字							1	0	0	1	
12			文字	A	P	L	E		正解	1	0	0	0	
36		勾配∇E							勾配∇e					
37			隠れ層 $\partial E / \partial w$				$\partial E / \partial \theta$			$\partial e / \partial w$				$\partial e / \partial \theta$
38			0.10	0.22	0.14	0.06				0.00	0.00	0.00	0.00	
39			0.12	0.19	0.02	0.10				0.00	0.00	0.00	0.00	
40		H1	0.13	0.23	0.12	0.06			H1	0.00	0.00	0.00	0.00	
41			0.18	0.13	0.03	0.05				0.00	0.00	0.00	0.00	
42			0.19	0.21	0.17	0.18	−0.28			0.00	0.00	0.00	0.00	0.00
43			0.14	0.07	0.02	0.00				0.00	0.00	0.00	0.00	
44			0.14	0.04	0.01	0.00				0.00	0.00	0.00	0.00	
45		H2	0.12	0.06	0.01	0.00		隠れ層	H2	0.00	0.00	0.00	0.00	
46			0.09	0.09	0.00	0.07				0.00	0.00	0.00	0.00	
47			0.08	0.16	0.16	0.17	−0.17			0.00	0.00	0.00	0.00	0.00
48			0.35	0.37	0.16	0.06				0.00	0.00	0.00	0.00	
49			0.30	0.33	0.01	0.06				0.00	0.00	0.00	0.00	
50		H3	0.24	0.45	0.08	0.03			H3	0.00	0.00	0.00	0.00	
51			0.28	0.36	0.01	0.14				0.00	0.00	0.00	0.00	
52			0.29	0.58	0.56	0.56	−0.62			0.00	0.00	0.00	0.00	0.00
53		出力層	$\partial E / \partial w$			$\partial E / \partial \theta$				$\partial e / \partial w$			$\partial e / \partial \theta$	
54		Z1	10.57	10.35	10.25	−10.72			Z1	−0.08	−0.08	−0.08	0.08	
55		Z2	10.14	9.92	9.86	−10.24		出力層	Z2	0.11	0.11	0.11	−0.11	
56		Z3	11.39	11.52	11.48	−11.43			Z3	0.14	0.14	0.14	−0.14	
57		Z4	13.43	13.21	13.13	−13.58			Z4	0.15	0.14	0.15	−0.15	

平方誤差 e に関する勾配を全画像について合計

⑥ §1 の移動操作（10）に従って、重みと閾値を更新します。

▲	A	B	C	D	E	F	G
1	誤差逆伝播法（未学習）						
13	重みと閾値 θ						
14		隠れ層	w				θ
15			0.84	0.02	0.52	0.27	
16			0.25	0.14	0.30	0.53	
17		H1	0.93	0.47	0.20	0.58	
18			0.82	0.00	0.37	0.75	
19			0.85	0.03	0.81	0.97	0.28
20			0.10	0.85	0.71	0.57	
21			0.37	0.91	0.19	0.85	
22		H2	0.22	0.64	0.69	0.97	
23			0.66	0.64	0.71	0.02	
24			0.58	0.04	0.20	0.09	0.17
25			0.63	0.46	0.55	0.29	
26			0.60	0.65	0.71	0.01	
27		H3	0.95	0.14	0.69	0.83	
28			0.50	0.05	0.70	0.78	
29			0.86	0.04	0.13	0.06	0.55
30		出力層	w				θ
31		Z1	0.59	0.16	0.61	0.79	
32		Z2	0.83	0.19	0.71	0.08	
33		Z3	0.80	0.08	0.24	0.09	
34		Z4	0.56	0.21	0.35	0.19	

▲	A	B	C	D	E	F	G	H
1	誤差逆伝播法（未学習）							
36	勾配▽F							
37		隠れ層	∂E/∂w				∂E/∂θ	
38			0.10	0.22	0.14	0.06		
39			0.12	0.19	0.02	0.10		
40		H1	0.13	0.23	0.12	0.06		
41			0.18	0.13	0.03	0.05		
42			0.19	0.21	0.17	0.18	-0.28	
43			0.14	0.07	0.02	0.00		
44			0.14	0.04	0.01	0.00		
45		H2	0.12	0.06	0.01	0.00		
46			0.09	0.09	0.00	0.07		
47			0.08	0.16	0.16	0.17	-0.17	
48			0.35	0.37	0.16	0.06		
49			0.30	0.33	0.01	0.06		
50		H3	0.24	0.45	0.08	0.03		
51			0.28	0.36	0.01	0.14		
52			0.29	0.58	0.56	0.56	-0.62	
53		出力層	∂E/∂w				∂E/∂θ	
54		Z1	10.57	10.35	10.25	-10.72		
55		Z2	10.14	9.92	9.86	-10.24		
56		Z3	11.39	11.52	11.48	-11.43		
57		Z4	13.43	13.21	13.13	-13.58		

重みと閾値を更新（§1(10)）

▲	A	B	C	D	E	F	G	H
1	誤差逆伝播法（未学習）							
59	更新後の重みwと閾値θ ▼ ▼							
60		隠れ層	w				θ	
61			0.84	0.01	0.51	0.27		
62			0.24	0.13	0.30	0.52		
63		H1	0.92	0.46	0.19	0.58		
64			0.81	-0.01	0.37	0.75		
65			0.84	0.02	0.80	0.96	0.29	
66			0.09	0.85	0.71	0.57		
67			0.36	0.91	0.19	0.85		
68		H2	0.21	0.64	0.69	0.97		
69			0.66	0.64	0.71	0.02		
70			0.58	0.03	0.19	0.08	0.18	
71			0.61	0.44	0.54	0.29		
72			0.58	0.63	0.71	0.01		
73		H3	0.94	0.12	0.69	0.83		
74			0.49	0.03	0.70	0.77		
75			0.85	0.01	0.10	0.03	0.58	
76		出力層	w				θ	
77		Z1	0.06	-0.36	0.10	1.33		
78		Z2	0.32	-0.31	0.22	0.59		
79		Z3	0.23	-0.50	-0.33	0.66		
80		Z4	-0.11	-0.45	-0.31	0.87		

⑦勾配降下法の繰り返し部分を Excel の VBA に任せます。

次図のように、VBAにコードを入力します。

```
Sub Macro1()
    Sheets("BP").Select
    '初期値を現パラメーターにコピー
    Range("C91:G110").Select
    Selection.Copy
    Range("C15:G34").Select
    Selection.PasteSpecial Paste:=xlPasteValues
    '勾配降下法
    For GradientDescent = 1 To Range("C5")

        Range("D5") = GradientDescent

        '勾配の更新
        Range("C61:G80").Select
        Selection.Copy
        Range("C15:G34").Select
        Selection.PasteSpecial Paste:=xlPasteValues

    Next GradientDescent
End Sub
```

(注) VBAの利用法については、付録Cを参照してください。なお、変数 GradientDescentは計算の繰り返し回数のカウンター名です。

VBAを実行

作成したVBAのプログラムを実行します（計算回数は500回と設定しました）。パソコンの性能や環境によって、計算終了に時間を要するかもしれません。結果として次のように、重みと閾値が算出されました。

		C	D	E	F	G
13	重みwと閾値θ					
14	隠れ層	w				θ
15		0.69	-0.43	-0.13	0.25	
16		-0.11	-0.04	0.26	-0.41	
17	H1	0.34	0.02	-0.37	0.07	
18		0.29	0.21	0.11	0.95	
19		0.34	0.25	1.44	1.50	0.57
20		0.46	0.98	2.84	1.77	
21		0.64	-2.08	-2.67	0.47	
22	H2	0.93	2.22	2.01	-0.50	
23		-0.48	-2.27	-0.11	-1.40	
24		-0.02	1.22	0.96	-4.06	2.55
25		-0.15	-0.20	0.57	-0.34	
26		0.24	0.69	1.78	2.06	
27	H3	0.46	-0.17	1.86	1.62	
28		0.33	0.32	1.70	0.73	
29		0.75	-2.20	-3.36	-1.02	1.21
30	出力層	w				θ
31	Z1	-0.34	-6.28	5.78	2.46	
32	Z2	-4.04	4.83	4.51	4.40	
33	Z3	1.92	-6.20	-6.18	-1.23	
34	Z4	-0.83	6.05	-6.43	2.33	
35					誤差E	1.16

VBAの実行結果

また、目的関数 E の値として、次の値が得られました。

$$E = 1.16$$

値としては小さく、ニューラルネットワークはデータをよく説明していることになります。

memo VBA実行用にマクロボタンを用意

Excelマクロ（すなわちVBA）を利用するには、マクロボタンを用意しておくことをお勧めします。その操作は簡単で、Excelのワークシート上に、何か図形（オブジェクト）を置き、右クリックしてみましょう。表示されるメニューの一つに「マクロの登録」があります。それを選んで、指示に従えば、マクロボタンの完成です。以後、このボタンをクリックすれば、マクロが実行されます。なお、付録Cも参照しましょう。

4 誤差逆伝播法をPythonで体験

PythonはAI開発言語の華

ディープラーニングのパラメーターを決める（すなわちディープラーニングを学習させる）ツールとして、標準となっている言語がPythonです。誤差逆伝播法をこのPythonで実現してみましょう。

Pythonで誤差逆伝播法

これまでと同様、§2で提示した〔課題Ⅰ〕を例にして、誤差逆伝播法を調べることにします。

この〔課題Ⅰ〕は、4章で詳しく取り上げた内容です。§3でも述べたように、そこでは、ニューラルネットワークの「学習」部分をブラックボックスにしています。Excelに備えられた「ソルバー」と呼ばれる最適化ツールを利用して、自動的に重みと閾値を決定したのです。

本節では、誤差逆伝播法をPython（パイソン）で表現して、自前で重みと閾値を決定しましょう。

なお、これから調べる〔課題Ⅰ〕のニューラルネットワークを確認しておきます。

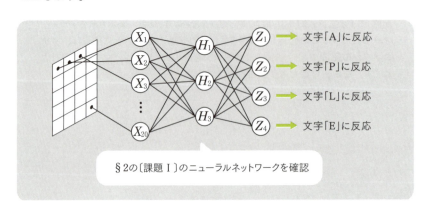

§2の〔課題Ⅰ〕のニューラルネットワークを確認

Pythonはディープラーニングの世界の標準言語

　高校の情報の授業の中で、プログラミングの世界に触れたと思います。そこでは、さまざまな言語のあることが紹介されたでしょう。Pythonはそのさまざまな言語の中の一つです。歴史は浅いのですが、ディープラーニング開発のための標準的な言語になっています。

　Pythonがディープラーニングで標準的な位置を占めたのには、いくつかの理由があります。

　一つは、データ処理のための豊富なツール（すなわちアプリ）を簡単に取り込めることです。データ処理の多くは定型的です。特にディープラーニングの計算はパターンが決まっています。Pythonは実に簡単にそのためのツールを組み込むことができるのです。

　もう一つは、Pythonによる開発のしやすさです。Pythonはインタープリター言語の特徴を持ち、コードを入力しながら、誤りをすぐに見つけることができます。対話しながら、プログラムの開発ができるのです。

　これらの特徴は実際に利用してみると理解できます。ここで、具体的にその素晴らしさを味わってください。

（注）本書では、Windows10（日本語版）上で動くPythonを仮定しています。

Pythonのインストール場所の確認

　Pythonを利用するには、そのためのプログラムがパソコンにインストールされていなければなりません。そのインストール法は付録Fに委ねますが、インストール先だけは確認しておきましょう。

　本書では、標準的にインストールされていることを前提とします。そのインストール先として、次の場所を仮定します。

C:¥Users¥*****¥AppData¥Local¥Programs¥Python¥Python37-32

(注)「*****」には、使用しているパソコンのユーザー名が表示されます。インストールの場所は任意ですので、標準的なインストールをしない場合には、適宜変更してください。また、Windows10の上では、「Users」は「ユーザー」と表示されます。

　さらに、数学の計算が簡単にできるように、数学計算ツールnumpyをインストールしておきます（付録F）。numpyはPythonに用意された数学ツール（すなわちアプリ）で、それをインストールすると、Python上でベクトルや行列などの科学計算がいとも簡単に実行できます。

作業用ファイルの保存場所の確保

　本節では訓練データのためのファイル、パラメーター（重みと閾値）のためのファイル、そして、プログラムコードのファイル、の3種のファイルを利用します。それらはフォルダーに保存されている必要があります。その保存場所を確保しましょう。

　保存場所はどこでも良いのですが、記述を簡単にするために、ドライブCの先頭の場所（すなわち**ルートディレクトリ**と呼ばれる場所）に作

成することにします。そして、フォルダー名はpytestとします。

　プログラムのコード保存場所：c:¥pytest

　Windows10では、次のように確認できます。

訓練用データの表現形式

　4章で用いたディープラーニング用の訓練データを準備します。

　具体例で調べましょう。4章では、Excelの計算の際に、たとえば次図左に示した手書き文字「A」と正解を、その右の表のように数値化していました。

　Pythonでも同様に処理できますが、使う関数が増えてしまいます。そこで、本節ではこの画像を次の形式で表現することにします。表形式を横に一列に並べた形式にするのです。

　（画像）−1,0,1,1,0,1,0,1,0,1,1,1,0,1,0,1,1,1,0,0,0,1↲

　（正解）1,0,0,0↲

　画像の先頭に「−1」を付加していることに留意してください。これは、閾値の計算を簡単にするための技法です。次項で種明かしをします。

251

（注）「⏎」はEnter記号（リターン記号）を表わします。文字として入力するものではありません。

以上のことを、次の〔問〕で確認してください。

〔問1〕次の3つの手書き文字P、L、Eの画像と正解ラベル「P」「L」「E」について、本節の形式で表現しましょう。

　　　　　　　　　　　P、L、Eの手書き文字と正解ラベル

（解）4章のExcelで処理する場合には次図の表形式で表現しました。

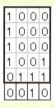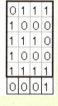

　　　　　　　　　　　4章で用いた表現

本節では次の形式で表現することにします。
（画像）−1,0,1,1,0,1,0,1,0,1,1,1,0,1,0,1,1,1,0,0,1⏎
　　　　−1,0,1,1,0,1,0,0,1,1,1,1,0,1,0,0,0,1,0,0,0⏎
　　　　−1,1,0,0,0,1,0,0,0,1,0,0,0,1,0,0,1,0,1,1,1⏎
（正解）1,0,0,0⏎
　　　　0,1,0,0⏎
　　　　0,0,1,0⏎

〔課題Ⅰ〕では128枚の画像と正解ラベルがありますが、この3枚の画像と3個の正解ラベルの表現形式に従います。

訓練用データをファイルに保存

以上の形式で作成した画像ファイルと正解ラベルのデータは、次のファイル名を付け保存することにします。

chr_img.csv　…　画像を収めたファイル

teacher.csv　…　正解ラベルを収めたファイル

　これら2つのファイルは、先に作成した作業用フォルダーpytestに、次のように保存します。

　　訓練画像の保存場所：c:¥pytest¥chr_img.csv　…（1）
　　正解ラベルの保存場所：c:¥pytest¥teacher.csv　…（2）
　Windows10では、保存場所を次のように確認できます。

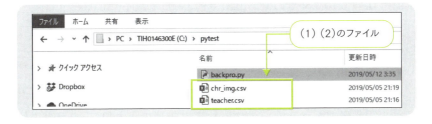

隠れ層に関する重みと閾値の初期値とその形式

　誤差逆伝播法では、重みと閾値に初期値を与えなければなりません。また、重みと閾値の算出結果の形式も約束しておかなければなりません。その形式について調べます。

　4章では、重みと閾値は次の形式で表現しました。画像、すなわち入力層の形式とピッタリ合致するので大変見やすい形です。

隠れ層		w			θ
H1	0.84	0.02	0.52	0.27	
	0.25	0.14	0.30	0.53	
	0.93	0.47	0.20	0.58	
	0.82	0.00	0.37	0.75	
	0.85	0.03	0.81	0.97	0.28
H2	0.10	0.85	0.71	0.57	
	0.37	0.91	0.19	0.85	
	0.22	0.64	0.69	0.97	
	0.66	0.64	0.71	0.02	
	0.58	0.04	0.20	0.09	0.17
H3	0.63	0.46	0.55	0.29	
	0.60	0.65	0.71	0.01	
	0.95	0.14	0.69	0.83	
	0.50	0.05	0.70	0.78	
	0.86	0.04	0.13	0.06	0.55

Excelで用いた隠れ層のユニットH_1、H_2、H_3の重みwと閾値θの表現形式（4章§7、値は初期値）を踏襲

Pythonでも同様に処理できますが、使う関数が増えてしまいます。そこで、先の画像の場合と同様、次のように1画像につき1列で表現することにします。数値は先の表を用いています。

＜隠れ層の重みと閾値＞

H_1：**0.28**,0.84,0.02,0.52,0.27,0.25,0.14,…,0.85,0.03,0.81,0.97↵

H_2：**0.17**,0.10,0.85,0.71,0.57,0.37,0.91,…,0.58,0.04,0.20,0.09↵

H_3：**0.55**,0.63,0.46,0.55,0.29,0.60,0.65,…,0.86,0.04,0.13,0.06↵

各行の先頭にある太字を施した数字に留意してください。

この先頭の数値は閾値です。このように表現することで、先に調べた画像の表現形式とマッチングできます。「線形の入力和」sを簡単に計算できるのです。Pythonが用意した「ベクトルの内積」というツールが利用できるからです。

以上のことを、次の〔問〕で確認してください。

〔問2〕次の画像と正解「A」について、隠れ層H_1の入力の線形和 s_1^H を求めましょう。

手書き文字　　画像データ　　　　重みと閾値（4章§7）

（解）これらは、次の形式に表現されます。

　（画像）−1,0,1,1,0,1,0,1,0,1,1,1,0,1,0,1,1,1,0,0,1↵ … (3)

（H_1の閾値と重み）

　0.28,0.84,0.02,0.52,0.27,0.25,0.14,…,0.85,0.03,0.81,0.97↵ … (4)

よって、入力の線形和s_1^Hは次のように求められます。

$$s_1^H = -1 \times 0.28 + 0 \times 0.84 + 1 \times 0 + 1 \times 0.02 + \cdots + 0 \times 0.81$$
$$+ 1 \times 0.97 = 6.17$$

すなわち、(3)、(4) をベクトルと見なしたとき、s_1^Hはその2つのベクトルの内積の形をしているのです。

先にも述べたように、Pythonはデータ処理のためのツールを豊富に用意しています。このように内積の形に持ち込めば、計算はPythonに任せられるのです。

出力層に関する重みと閾値の初期値とその形式

出力層のユニット $Z_1 \sim Z_4$ に関する重みと閾値を収める形式について調べましょう。

4章では、次のような形式で表現しました。隠れ層の出力とピッタリ合致するので、Excelが大変処理しやすい形です。

	出力層	w		θ
Z1	0.59	0.16	0.61	0.79
Z2	0.83	0.19	0.71	0.08
Z3	0.80	0.08	0.24	0.09
Z4	0.56	0.21	0.35	0.19

Excelで用いた出力層のユニットZ_1〜Z_4の重みwと閾値 θ の表現形式（4章§7、値は初期値）を踏襲

Pythonでも同様に処理できますが、使う関数が増えてしまいます。そこで、先の画像のときと同様、次のように1画像につき1列で表現することにします。数値は上の表を用いています。

＜出力層の重みと閾値＞
Z_1：**0.79**,0.59,0.16,0.61↵
Z_2：**0.08**,0.83,0.19,0.71↵
Z_3：**0.09**,0.80,0.08,0.24↵
Z_4：**0.19**,0.56,0.21,0.35↵

ここでも、各行の先頭にある太字を施した数字に留意してください。

この先頭の数値は閾値です。このように表現することで、「線形の入力和」が、式（4）と同様、「ベクトルの内積」で表現できます。

重みと閾値の初期値をファイルに保存

以上のデータ形式で作成された重みと閾値の初期値は次のファイル名で保存しましょう。

wH.csv … 隠れ層の重みと閾値を収めたファイル … (5)
wO.csv … 出力層の重みと閾値を収めたファイル … (6)

ファイルの保存場所としては、先に作成した作業用フォルダー pytest とします。

隠れ層の重みと閾値のファイル：c:¥pytest¥wH.csv
出力層の重みと閾値のファイル：c:¥pytest¥wO.csv
Windows10では、次のように確認できます。

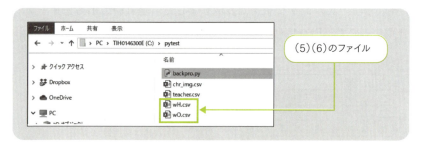

(5)(6)のファイル

プログラムを作成する

プログラムで用いるデータの準備ができました。いよいよ、プログラムのコードを作成しましょう。次ページ以降にそれを示します。ワープロやテキストエディターで入力しましょう。

なお、行頭の「行番号：」は、後で説明するための便宜上のものであり、実際のプログラムには入力しないでください。

(注)プログラム中の¥¥記号は「\」（バックスラッシュ）を入れるための制御記号です。

Python プログラム

```
01 : import numpy as np
02 :
03 : #step size
04 : mu0=0.05
05 :
06 : # data
07 : apple = np.loadtxt（"c:¥¥pytest¥¥chr_img.csv" ,delimiter=","）
08 : teacher = np.loadtxt（"c:¥¥pytest¥¥teacher.csv" ,delimiter=","）
09 :
10 : # initial weight and threshold
11 : wH = np.loadtxt（"c:¥¥pytest¥¥wH.csv" ,delimiter=","）
12 : wZ = np.loadtxt（"c:¥¥pytest¥¥wO.csv" ,delimiter=","）
13 : wZpure = wZ［0:4,1:4］
14 :
15 : n0=501      #iterations number
16 : n0_data=128    #data size
17 :
18 : for j in range（n0）:
19 :
20 :    gradient_wH = np.zeros（(3, 21)）
21 :    gradient_wZ = np.zeros（(4, 4)）
22 :    target=0
23 :    for i in range（n0_data）:
24 :
25 :       # Hidden layer
26 :       sH = np.dot（apple［i］, wH.T)
27 :       h=np.reciprocal（1 + np.exp（-sH))
28 :
29 :       # Output layer
30 :       h1 = np.insert（h,0,-1)
```

```python
31 :     sZ = np.dot （h1, wZ.T)
32 :     z = np.reciprocal （1 + np.exp （-sZ))
33 :
34 :     #squae error
35 :     target += np.sum （(teacher ［i］ - z) **2)
36 :
37 :     #delta
38 :     deltaZ = - （teacher ［i］ -z) *z* （1-z)
39 :     deltaH = np.dot （deltaZ, wZpure) * h * （1 - h)
40 :
41 :     #gradient
42 :     deltaH2 = deltaH.reshape （1,-1)
43 :     apple2=apple ［i］ .reshape （1,-1)
44 :     gradient_wH1=np.dot （deltaH2.T , apple2)
45 :
46 :     deltaZ2=deltaZ.reshape （1,-1)
47 :     h2=h1.reshape （1,-1)
48 :     gradient_wZ1=np.dot （deltaZ2.T , h2)
49 :
50 :     gradient_wH += gradient_wH1
51 :     gradient_wZ += gradient_wZ1
52 :
53 :   print （"j=",j,target)
54 :
55 :   #parameter update
56 :   wH -= mu0*gradient_wH
57 :   wZ -= mu0*gradient_wZ
58 :
59 : print （wH)
60 : print （wZ)
```

(注)出力層の重みと閾値を収める変数名にはwZを用いました。

次の図はWindows10に標準添付されているテキストエディタ「メモ帳」で入力している図を示しています。行頭の番号を省いていることを確認してください。

```
backpro.py - メモ帳                              □    ×
ファイル(F)  編集(E)  書式(O)  表示(V)  ヘルプ(H)
import numpy as np

#step size
mu0=0.05

# data
apple = np.loadtxt("c:\\pytest\\chr_img.csv",delimiter=",")
teacher = np.loadtxt("c:\\pytest\\teacher.csv",delimiter=",")

# initial parameter value
wH = np.loadtxt("c:\\pytest\\wH.csv",delimiter=",")
wZ = np.loadtxt("c:\\pytest\\w0.csv",delimiter=",")
wZpure = wZ[0:4,1:4]

n0=501          #iterations number
n0_data=128     #data size

for j in range(n0):

    gradient_wH = np.zeros((3, 21))
```

Windows10添付の「メモ帳」でコードを入力した例

memo　Pythonの計算「+=」、「-=」について

　周知のことでしょうが、多くのプログラミング言語では、「+=」、「-=」という演算記号が次の意味で用いられます。老婆心ながら、確認しておきます。

記号	意味
x += a	$x = x + a$ のこと
x -= a	$x = x - a$ のこと

プログラムの解説

行番号	意味
01	行列計算をするための数値計算ツール「numpy」を使えるようにします（numpyは「ナンパイ」と読みます）。
04	変数mu0は勾配降下法のステップサイズ η のこと。
07	行列変数appleに、用意しておいた画像ファイル（1）を読み込む。
08	行列変数teacherに、用意しておいた正解ファイル（2）を読み込む。
11	行列変数wHに、用意しておいた隠れ層の重みと閾値を収めたファイル（5）を読み込む。
12	行列変数wZに、用意しておいた出力層の重みと閾値を収めたファイル（6）を読み込む。
13	行列変数wZpureに、行列変数wZの閾値部分をカットした値を代入。重みだけの成分になる。
15	変数n0に、勾配降下法の計算の繰り返し回数を設定。
16	変数n0_dataに、訓練データの大きさ（すなわち画像の枚数）を設定。
18	変数n0に設定した繰り返し回数だけ、勾配降下法の計算を繰り返すことを命令。
20	隠れ層の重みと閾値の勾配（gradient）を収める行列変数gradient_wHに、初期値0を設定。
21	出力層の重みと閾値の勾配（gradient）を収める行列変数gradient_wZに、初期値0を設定。
22	目的関数の値を収める変数targetの値を0に設定（この変数は勾配降下法には不要だが、計算の進み具合を見るのに用意）。
23	訓練データの大きさ（すなわち画像の枚数）だけ、計算を繰り返すことを命令。
26	行列変数sHに隠れ層の「線形の入力和」を算出。
27	行列変数hに隠れ層のユニットの出力を算出（シグモイド関数を利用）。
30	上記行列変数hの行の先頭に閾値計算用の数−1を挿入したものを、行列変数h1に代入。
31	行列変数sZに、出力層の「線形の入力和」を算出。
32	行列変数zに、出力層のユニットの出力を算出（シグモイド関数を利用）。

35	目的関数を表わす変数targetに、画像ごとの平方誤差を積み上げる。
38	行列変数deltaZに、出力層のユニットの誤差 δ を算出
39	行列変数deltaHに、隠れ層のユニットの誤差 δ を算出
42	行列変数deltaH2に、変数deltaHの成分を1行にして書き出す。
43	行列変数apple2に、i番目の画像データapple[i]の成分を1行にして書き出す。
44	行列変数gradient_wH1に、隠れ層の重みと閾値に関する勾配(gradient)を算出。
46	行列変数deltaZ2に、変数deltaZの成分を1行にして書き出す。
47	行列変数h2に、変数hの成分を1行にして書き出す。
48	行列変数gradient_wZ1に、出力層の重みと閾値に関する勾配(gradient)を算出。
50	行列変数gradient_wHに、画像ごとの隠れ層の勾配を積み上げる。
51	行列変数gradient_wZに、画像ごとの出力層の勾配を積み上げる。
53	計算の進み具合を見るために、目的関数targetの値を表示。
56	隠れ層の重みと閾値を表わす行列変数wHを更新。
57	隠れ層の重みと閾値を表わす行列変数wZを更新。
59	隠れ層の重みと閾値を表わす行列変数wHの計算結果を表示。
60	出力層の重みと閾値を表わす行列変数wZの計算結果を表示。

コードを保存しよう

　以上のプログラムのコードをファイルとして保存しましょう。保存場所は、先に作業用に作成したフォルダー（フォルダー名pytest）とします。そして、このpytestフォルダーに、プログラムを次のファイル名で保存しましょう。

　プログラムコードの保管ファイル：backpro.py

　拡張子をpyとしていることに留意してください。

Windows10での確認

プログラムを実行しよう

　PythonのプログラムをWindows10で標準的に実行する場合を調べます。次のステップを追いましょう。

①現在作業中のディレクトリをPythonプログラムの保存場所に設定します。それには、プロンプト（>）の後に、次のようにCDコマンドを入力します。

　>CD C:¥Users¥*****¥AppData¥Local¥Programs¥Python¥Python37-32

（注）先に確認したように、Pythonは標準的にインストールされているとし、そのインストール先にある「Python37-32」フォルダーを指定しています。

②作成したPythonプログラムを指定し、実行します。それには、プロンプト（>）の後に、プログラムのファイル名を次のように入力します。

　>python c:¥pytest¥backpro.py

　次図はコマンドの入力例です。

こうして、プログラムが実行されます。誤差逆伝播法を用いて学習した「重み」と「閾値」が得られたのです。次図で確かめてみましょう。

(注) §3ではExcelを用いて重みと閾値求めましたが、ここで得られた値と一致していることを確認しましょう。

```
 コマンドプロンプト
= 500 1.163566823369511
[ 0.57284539   0.69354911  -0.43064168  -0.12721182   0.24609296  -0.10819714
 -0.03480381   0.26403507  -0.41206003   0.34063941   0.019494    -0.37273726
  0.07359642   0.28511589   0.20894341   0.11121378   0.94920166   0.3410653
  0.25236718   1.4439641    1.50303943]]
[ 2.54916149   0.46368875   0.97787617   2.84228354   1.76622391   0.63958415
 -2.08583884  -2.67431263   0.47315339   0.92616778   2.21901408   2.0148777
 -0.4993224   -0.48490295  -2.26666642  -0.11450193  -1.40249154  -0.02145804
  1.21871893   0.95929685  -4.05972233]]
[ 1.20743951  -0.14776298  -0.19862808   0.57423368  -0.33602344   0.23913406
  0.68564429   1.77891952   2.06240861   0.45788276  -0.17030061   1.86068702
  1.61997051   0.32694296   0.32155706   1.69648053   0.72721142   0.75380828
 -2.20098886  -3.35933302  -1.02324358]]
[ 2.45768309  -0.34111803  -6.28146295   5.78594214]
[ 4.4040547   -4.04742198   4.82832488   4.51180616]
[-1.232760     1.92045089  -6.20129202  -6.18645047]
[ 3.33286535  -0.82734169   6.0515592   -6.43368047]]

C:\Users\*****\AppData\Local\Programs\Python\Python37-32>
```

(注) 「*****」には、使用しているパソコンのユーザー名が表示されます。

memo **計算結果の保存**

Pythonのプログラムの61行と62行に、次の文を追加すると、重みと閾値の計算結果がファイルに保存されます。

61：np.savetxt（"c:\\pytest\\wH_result.txt",wH)
62：np.savetxt（"c:\\pytest\\wO_result.txt",wZ)

(注)保存フォルダーはプログラムと同一です。ファイル名として、隠れ層の重みと閾値がwH_result.txt、出力層の重みと閾値がwO_result.txtを用いています。

付録

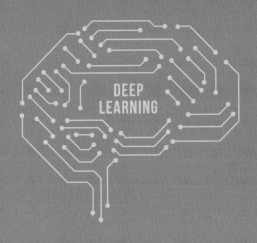

付録A. 本書で利用する訓練データ（I）

4章の〔課題I〕で利用する訓練データを提示します。

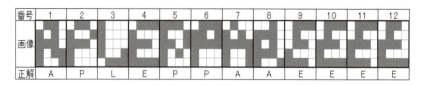

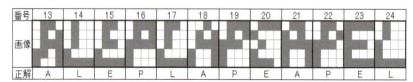

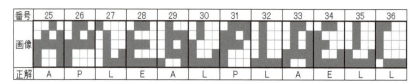

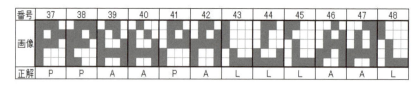

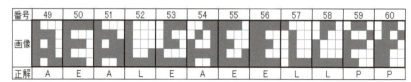

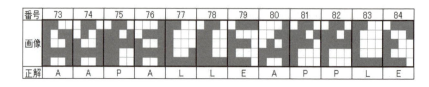

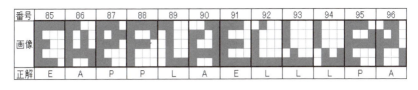

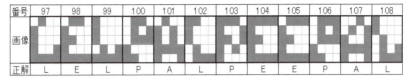

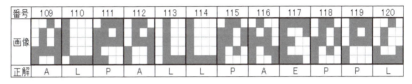

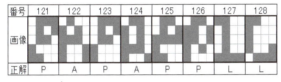

（注）アミのかかった画素には1が、そうでない画素には0が対応します。

付録B. 本書で利用する訓練データ（Ⅱ）

5章の〔課題Ⅱ〕で利用する訓練データを提示します。

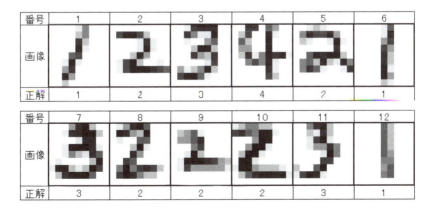

番号	13	14	15	16	17	18
画像						
正解	2	1	1	3	3	3

番号	19	20	21	22	23	24
画像						
正解	1	1	3	1	4	3

番号	25	26	27	28	29	30
画像						
正解	4	1	4	3	1	1

番号	31	32	33	34	35	36
画像						
正解	2	4	3	2	1	1

番号	37	38	39	40	41	42
画像						
正解	4	4	3	2	3	4

番号	43	44	45	46	47	48
画像						
正解	2	3	1	1	1	3

番号	49	50	51	52	53	54
画像						
正解	1	2	4	1	3	2

1章　活躍するディープラーニング

2章　絵でわかるディープラーニングのしくみ

3章　ディープラーニングのための準備

4章　ニューラルネットワークのしくみがわかる

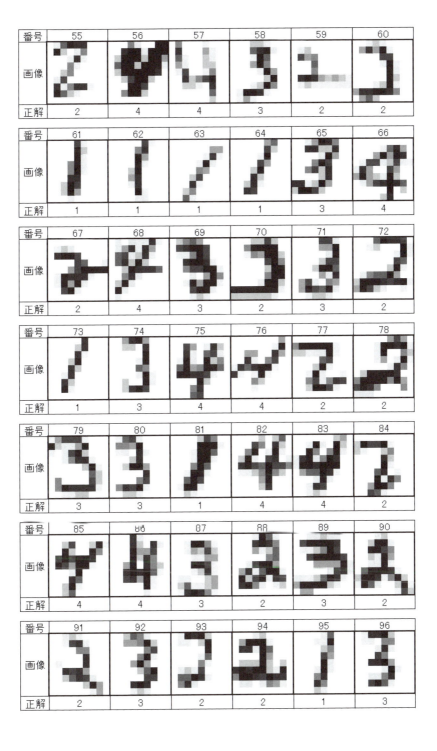

番号	97	98	99	100	101	102
画像						
正解	3	4	3	4	4	2

番号	103	104	105	106	107	108
画像						
正解	1	2	2	4	3	1

番号	109	110	111	112	113	114
画像						
正解	4	3	1	1	2	4

番号	115	116	117	118	119	120
画像						
正解	3	4	4	2	3	4

番号	121	122	123	124	125	126
画像						
正解	4	4	3	4	2	4

番号	127	128	129	130	131	132
画像						
正解	2	4	3	4	3	3

番号	133	134	135	136	137	138
画像						
正解	1	1	1	2	2	3

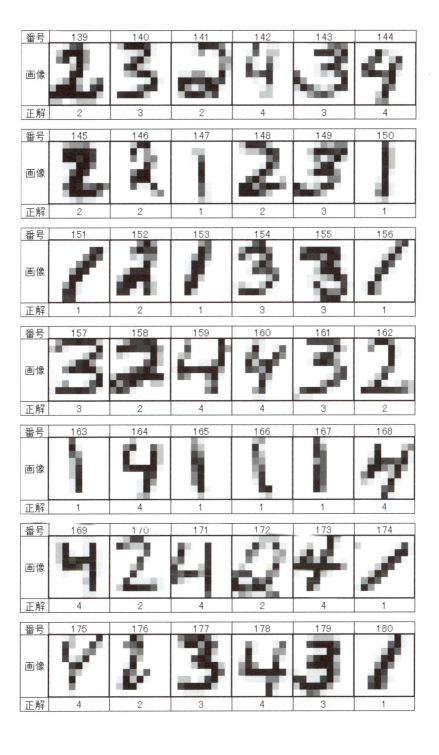

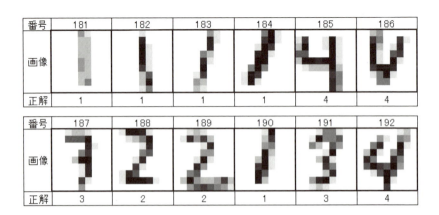

付録C. VBAの利用法

　Excelに備えられている**VBA**（Visual Basic for Applications）は、Excelの操作を自動化するプログラミング言語です。また、その機能をVBAと呼ぶこともあります。プログラムの作成や、その操作が大変簡単なので、多方面で利用されています。本書では、7章の誤差逆伝播法の計算で利用しています。

　では、このExcel VBAの使い方を調べましょう。

(注)本稿はExcel2016のVBAを利用しています。Excel2011以降、使い方に大きな変更はありません。また、セキュリティの設定によっては、VBAの実行が禁止されている場合があります。その際にはマイクロソフトの設定の指示に従ってください。

■ VBA プログラムの入力法

　まず、VBA機能の呼び出し方を調べましょう。それには、「表示」リボンにある「マクロ」を選択し、「マクロの表示」を選択します。

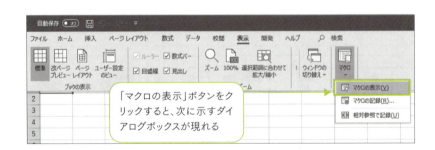

次に「マクロの表示」ボックスが表示されるので、適当なマクロ名を入力します。次図では「Macro1」と入力しています。

「作成」ボタンをクリック

「作成」ボタンをクリックすると、次のようにマクロプログラムを入力できる「マクロの編集」ウィンドウが表示されます。

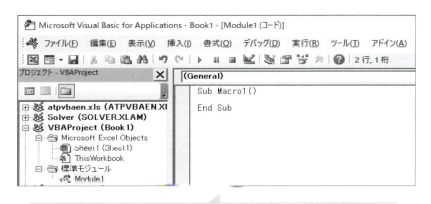

VBAのエディターウィンドウ。通常のワープロ感覚でプログラミングが可能

この「マクロの編集」ウィンドウで、「Sub Macro1 ()」の下の行から、7章§3で示したプログラムを次ページのように入力していきます。

(注) 入力後の「保存」操作は不要です。Excel終了時に、自動的に内容が保存されます。

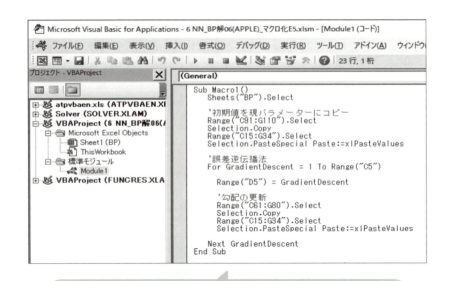

7章§3（p.246）の誤差逆伝播法のプログラムを入力した画面例

■ VBAの実行法

「マクロの編集」ウィンドウで、「実行」メニューにある「Sub/ユーザーフォームの実行」を選択します。するとプログラムが実行されます。

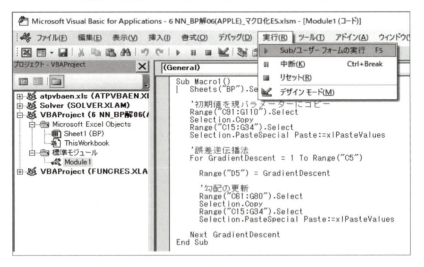

また、「■ VBAプログラムの入力法」の項に示した「マクロの表示」

ボックスで「実行」ボタンをクリックしても、プログラムを実行できます。

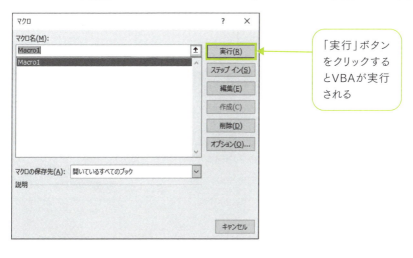

■マクロボタンに登録

7章§3でも言及しましたが、VBAを作成したならば、ボタンに登録することをお勧めします。ワークシート上に適当な図形を作成し、それを右クリックしましょう。右図のように、表示されるメニューの一つに「マクロの登録」があります。それを選んで、指示に従えば、マクロボタンの完成です。以後、このボタンをクリックすれば、マクロが実行されます。

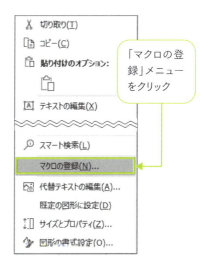

付録D. ソルバーのセットアップ法

本書の計算の強力な助手は、Excelに備わっているアドインの一つ「ソルバー」です。このアドインによって、高度な数学を用いることなく、畳み込みニューラルネットワークのしくみを数値的に理解できるのです。

ところで、新しいパソコンの場合、ソルバーがインストールされていない場合があります。それは「データ」タブに「ソルバー」メニューがあるかどうかで確かめられます。

「ソルバー」のメニューがない場合には、インストール作業をする必要があります。ステップを追って調べてみましょう。

(注) Excel2013、2016 の場合について調べます。

① 「ファイル」タブの「オプション」メニューをクリックします（右図）。

② 「Excel のオプション」ボックスが開かれるので、左枠の中の「アドイン」を選択します。

さらに、得られたボックスの中の下にある、「Excel アドイン」を選択し、「設定」ボタンをクリックします。

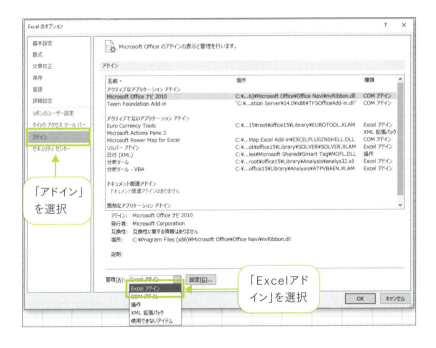

③「アドイン」ボックスが開かれるので、「ソルバーアドイン」にチェックを入れ、「OK」ボタンをクリックします。

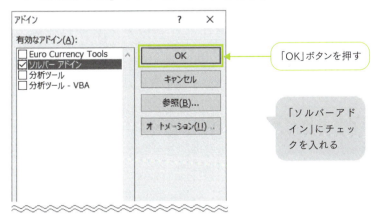

④インストール作業が進められます。正しくインストールされたことは②のボックスが次のようになっていることで確かめられます。

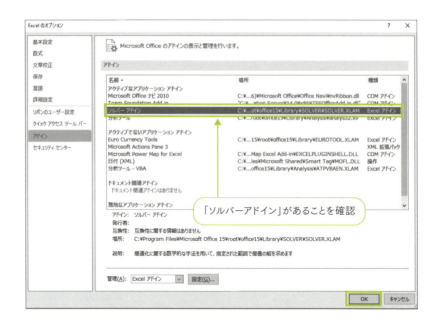

以上の作業で、ソルバーが利用できるようになります。

付録E. Windows10のコマンドプロンプトの利用法

キーボードからコマンドを与え、Windows10を操作する環境があります。それが**コマンドプロンプト**です。その使い方を調べましょう。

■コマンドプロンプトを利用

Windows10において、Pythonの標準的な利用には、Windows10が用意したコマンドプロンプトを利用します。

コマンドプロンプトを利用するには、Windows10画面にある「スタート」ボタンをクリックします。そして、次の順に選択します。

「よく使うアプリ」→「Windows10システムツール」→「コマンドプロンプト」

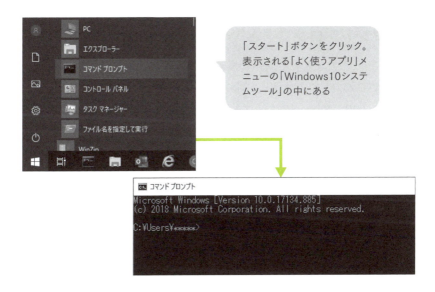

コマンドプロンプトでは、画面例が示すように、プロンプト記号「>」が表示されます。この後に、コマンドを入力します。

■ 2つの必須コマンド

コマンドプロンプトを利用すると、キーボードだけでコンピューターが操作できます。Pythonを利用するとき、ディレクトリに関係する次の2つのコマンドを覚えておくとよいでしょう。ここで、ディレクトリはWindows10でいう「フォルダー」と読み替えてください。

コマンド名	意味
CD	Change Directoryの頭文字をとったコマンド。ディレクトリを変更する。
DIR	Directoryの頭文字をとったコマンド。現在のディレクトリの中身を表示。

(注)コマンドは大文字でも小文字でも同じ意味になります。

■コマンドプロンプトとWindows10の表示

コマンドプロンプトの操作に慣れるために、実際にコマンドをキーボードから入力してみます。

実例として、Pythonのインストール先を見てみましょう。

Windows10でPythonの標準的なインストール先を確認するには、次のようにフォルダーを開けばよいでしょう。

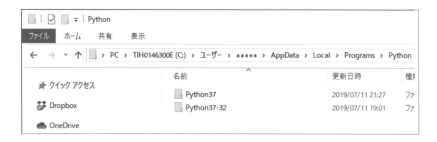

このフォルダーをコマンドプロンプトで開いてみます。

このフォルダーを「開く」には次のようにCDコマンドを利用します。

>CD C:¥Users¥*****¥AppData¥Local¥Programs¥Python

上の図と見比べればわかるように、ウィンドウのアドレスバーにあるフォルダー名を順次つないで入力すればよいのです。

(注) コマンドの中の「Users」はWindows10のアドレスバーでは「ユーザー」と表示されます。

次図が現れれば、フォルダーを開いたことになります。

このフォルダーの中身を見るには次のようにDIRコマンドを入力します。

```
C:¥Users¥*****¥AppData¥Local¥Programs¥Python>DIR
 ドライブ C のボリューム ラベルは TIH0146300E です
 ボリューム シリアル番号は EA8C-2E97 です

 C:¥Users¥*****¥AppData¥Local¥Programs¥Python のディレクトリ

2019/07/11  21:26    <DIR>          .
2019/07/11  21:26    <DIR>          ..
2019/07/11  21:27    <DIR>          Python37
2019/07/11  19:01    <DIR>          Python37-32
               0 個のファイル                   0 バイト
               4 個のディレクトリ  812,063,797,248 バイトの空き領域

C:¥Users¥*****¥AppData¥Local¥Programs¥Python>_
```

これが先のWindows10フォルダーをコマンドプロンプトで開いた図です。

(注)以上の画面コピーの中で、*****にはユーザー名が入ります。

付録F. Pythonのセットアップ法

Pythonは開発元のホームページからインストールしなければ利用できません。標準的なインストールを選べば、それは大変簡単です。また、数学計算を容易にするツールであるnumpy（ナンパイ）も続けてインストールします。

(注)本項では、簡略化のために、ディレクトリとフォルダーを同義とします。

■ Python をインストール

Windows10にPythonをインストールしてみます。以下では、標準的なインストールを行なう前提で、ステップを追いながら作業手順を解説します。

(注)64bit版Windows10にインストールしています。

① Pythonの公式サイトにアクセス（https://www.python.org/）します。

https://www.python.org/

ここで、「Downloads」をクリックします。

② ①で開かれる「Downloads」サイト（https://www.python.org/downloads/）から、（特別な理由がなければ）最新の Python をダウンロードします。

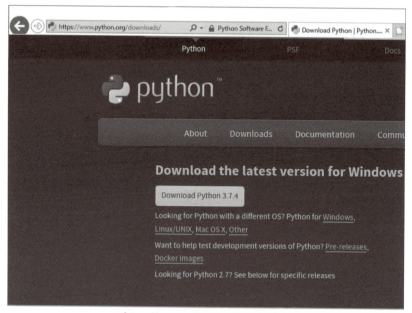

https://www.python.org/downloads/

これ以降は、Pythonのインストールの指示に従います。なお、インストール先は標準の場所を指定してください。これでPythonのインストールは完了です。

Windows10での場所(標準的なインストール。*****にはユーザー名が入る)

■ numpyのインストール

　Pythonで数学計算をするのに便利なツールがnumpy（「ナンパイ」と呼びます）です。それをインストールしましょう。

　インストールはコマンドプロンプトで行ないます（付録E）。コマンドプロンプトの画面を開き、次のように操作します。

① numpyをインストールするフォルダーを開きます。

　CDコマンドを利用して、次のフォルダーを開きます（付録E）。

　CD C:\Users*****\AppData\Local\Programs\Python\Python 37-32\ Scripts

② 次のようにpipコマンドを入力し、実行します。

　> pip install numpy

　すると、次図のように、インストール作業が実行されます。

（注）以上の文中や画面コピーの中で、*****にはユーザー名が入ります。

■ディレクトリとフォルダー

インストールのマニュアルには「ディレクトリ」という言葉が多用されます。ディレクトリ（directory）は「名簿」「住所録」などの意味ですが、インストールで利用する際には、フォルダーと同義語と理解しておいて、問題は起こりません。これについては、付録Eでも触れました。

ちなみに、①で利用したCDは、先に述べたようにChange Directoryの頭文字をとったコマンドです。「ディレクトリを変更する」というコマンドですが、「フォルダーを変更する」と解釈すれば、Windows世代には、わかりやすいでしょう。

memo 古いPythonがインストールされているとき

古いPythonがインストールされている場合には、それを削除（アンインストール）することをお勧めします。それには、Windows10で次の順にクリックします。

スタートボタン→「設定」→「アプリ」

得られたアプリの一覧から、古いPythonを選択し、クリックすればアンインストールの作業ができます。

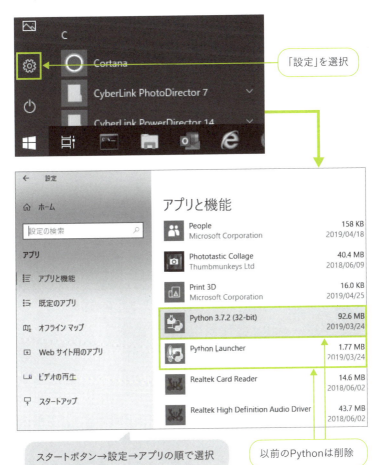

「設定」を選択

スタートボタン→設定→アプリの順で選択

以前のPythonは削除

付録G. 微分の基礎知識

　機械学習が「自ら学習する」ということの数学的な意味は、訓練データに合致するようにモデルのパラメーターを決定することです。そのためには微分の計算が不可欠です。以下では、微分の細部の復習は省略し、本書で利用する公式と定理のみを確認します。

(注)本書で考える関数は十分滑らかな関数とします。

■微分の定義と意味

　関数 $y = f(x)$ に対して導関数 $f'(x)$ は次のように定義されます。

$$f'(x) = \lim_{\Delta x \to 0} \frac{f(x + \Delta x) - f(x)}{\Delta x} \quad \cdots (1)$$

(注)Δ は「デルタ」と発音されるギリシャ文字で、アルファベットのDに対応します。なお、関数や変数に ′(プライム記号)を付けると、導関数を表わします。

　$\lim_{\Delta x \to 0}$ (Δx の式)とは次のことを意味します。

　「数 Δx を限りなく0に近づけたとき、(Δx の式)の近づく値」

　与えられた関数 $f(x)$ の導関数 $f'(x)$ を求めることを「関数 $f(x)$ を微分する」といいます。

　式(1)では関数 $y = f(x)$ の導関数を $f'(x)$ で表現しましたが、異なる表記法があります。次のように分数形式で表現するのです。

$$f'(x) = \frac{dy}{dx}$$

■機械学習で頻出する関数の微分公式

　導関数を求めるのに定義式(1)を利用するのは希です。普通は公式を利用します。ニューラルネットワークの計算で用いられる関数について、その微分公式を示しましょう(変数を x とし、定数を c とします)。

$$(c)' = 0、(x)' = 1、(x^2)' = 2x、(e^x)' = e^x \quad \cdots (2)$$

ニューラルネットワークの世界で重要なのがシグモイド関数の微分公式です。シグモイド関数 $\sigma(x)$ は次のように定義されます（→3章§1）。

$$\sigma(x) = \frac{1}{1 + e^{-x}}$$

この関数の微分は次の公式を満たします。

$$\sigma'(x) = \sigma(x)\{(1 - \sigma(x)\} \cdots (3)$$

この公式を利用すれば、実際に微分しなくても、シグモイド関数の導関数の値が関数値 $\sigma(x)$ から得られることになります。

(注)証明は分数関数の微分の公式を利用します。

■微分の性質

微分計算には次の公式が便利です。c を定数として、

$$\{f(x) + g(x)\}' = f'(x) + g'(x) \,、\{cf(x)\}' = cf'(x) \cdots (4)$$

(注)組み合わせれば、$\{f(x) - g(x)\}' = f'(x) - g'(x)$ も簡単に示せます。

この公式（3）を微分の線形性と呼びます。

「微分の線形性」は誤差逆伝播法の陰の立役者になっています。

（例1） $z = (2 - y)^2$ （y が変数）のとき、

$z' = (4 - 4y + y^2)' = (4)' - 4(y)' + (y^2)' = 0 - 4 + 2y = -4 + 2y$

■多変数関数

機械学習の計算には数十万にも及ぶ変数が出てきます。そこで、そのような関数に必要な多変数の微分について調べましょう。

式（1）～（4）では、関数として独立変数が1つの場合を考えました。このように、変数が1つの関数を1変数関数といいます。

1変数関数 $y = f(x)$ において、x を独立変数、y を従属変数といいます。

さて、独立変数が2つ以上の関数を考えましょう。このように独立変数が2つ以上の関数を多変数関数といいます。

(例2) $z = x^2 + y^2$ は x、y を独立変数、z を従属変数とした多変数関数。

多変数関数を視覚化するのは困難です。しかし、1変数の場合を理解していれば、その延長として理解できます。

ところで、1変数関数を表わす記号として $f(x)$ などを利用しました。多変数の関数も、1変数の場合を真似て、次のように表現します。

(例3) $f(x, y)$ … 2変数 x、y を独立変数とする多変数関数

(例4) $f(x_1, x_2, \cdots, x_n)$ … n 変数 $x_1, x_2, \cdots, x_n$ を独立変数とする多変数関数

■多変数関数と偏微分

多変数関数の場合でも微分法が適用できます。ただし、変数が複数あるので、どの変数について微分するかを明示しなければなりません。この意味で、ある特定の変数について微分することを偏微分といいます。

たとえば、2変数 x、y から成り立つ関数 $z = f(x, y)$ を考えてみましょう。**変数 x だけに着目して y は定数と考える微分を「x についての偏微分」** と呼び、次の記号で表わします。すなわち、

$$\frac{\partial z}{\partial x} = \frac{\partial f(x, y)}{\partial x} = \lim_{\Delta x \to 0} \frac{f(x + \Delta x, y) - f(x, y)}{\Delta x}$$

y についての偏微分も同様です。

$$\frac{\partial z}{\partial y} = \frac{\partial f(x, y)}{\partial y} = \lim_{\Delta y \to 0} \frac{f(x, y + \Delta y) - f(x, y)}{\Delta y}$$

ニューラルネットワークで利用される偏微分の代表例を、以下に例で示しましょう。

(例5) $z = wx + b$ のとき、$\dfrac{\partial z}{\partial x} = w$、$\dfrac{\partial z}{\partial w} = x$、$\dfrac{\partial z}{\partial b} = 1$

■合成関数

関数 $y = f(u)$ があり、その u が $u = g(x)$ と表わされるとき、y は x の関数として $y = f(g(x))$ と表わせます（u や x は多変数を代表していると見なすこともできます）。このとき、この**入れ子構造の関数 $f(g(x))$ を関数 $f(u)$ と $g(x)$ の合成関数といいます。

(例6) 関数 $e = (1-z)^2$ は関数 $u = 1-z$ と関数 $e = u^2$ の合成関数と考えられます。

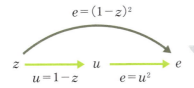

関数 $e=(1-z)^2$ は関数 $u=1-z$ と関数 $e=u^2$ の合成関数。なお、この例は平方誤差の表現に応用されている

(例7) 複数の入力 x_1、x_2、$\cdots$、x_n に対して、$a(x)$ を活性化関数として、ユニット出力 y は次のように求められます（4章）。

$$y = a(w_1 x_1 + w_2 x_2 + \cdots + w_n x_n - \theta)$$

w_1、w_2、$\cdots$、w_n は各入力に対する重み、θ は閾値です。この関数 y は w_1、w_2、$\cdots$、w_n の1次関数 f、活性化関数 a の合成関数と考えられます。

$$\begin{cases} s = f(w_1, w_2, \cdots, w_n) = w_1 x_1 + w_2 x_2 + \cdots + w_n x_n - \theta \\ y = a(s) \end{cases}$$

重み付き入力和　　　　　　　　　出力

w_1、w_2、$\cdots$、w_n $\rightarrow$ $s = f(w_1, w_2, \cdots, w_n) = w_1 x_1 + w_2 x_2 + \cdots + w_n x_n - \theta$ $\rightarrow$ $y = a(s)$

■チェーンルール

最初に1変数についての**チェーンルール**について調べましょう。

関数 $y = f(u)$ があり、その u が $u = g(x)$ と表わされると、合成関数 $f(g(x))$ の導関数は次のように簡単に求められます。

$$\frac{dy}{dx} = \frac{dy}{du} \frac{du}{dx} \quad \cdots (5)$$

これを1変数関数の**合成関数の微分公式**と呼びます。また、**チェーンルール**、**連鎖律**などとも呼ばれます。本書ではチェーンルールという呼称を用います。

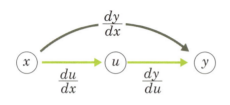

> **1変数関数のチェーンルール**
> 微分は分数と同じように計算できる

公式 (5) を右辺から眺め、dx、dy、du を1つの文字と見なせば、左辺は右辺を単に約分しているだけです。この見方は常に成立します。微分を dx や dy などで表記することで、「**合成関数の微分は分数と同じ約分が使える**」と覚えられるのです。

(例 8) (例 1) で調べた関数 $z = (2 - y)^2$ を y で微分してみましょう。$z = u^2$、$u = 2 - y$ として、

$$\frac{dz}{dy} = \frac{dz}{du}\frac{du}{dy} = 2u \cdot (-1) = -2(2 - y) = -4 + 2y$$

多変数関数のときにも、1変数の場合のチェーンルールの考え方がそのまま適用できます。分数を扱うように微分の式を変形すればよいのです。ただし、関係するすべての変数についてチェーンルールを適用する必要があるので、単純ではありません。たとえば2変数の場合、次のように公式化されます。

> 変数 z が u、v の関数で、u、v がそれぞれ x、y の関数なら、z は x、y の関数です。このとき次の公式(**多変数のチェーンルール**)が成立します。
>
> $$\frac{\partial z}{\partial x} = \frac{\partial z}{\partial u}\frac{\partial u}{\partial x} + \frac{\partial z}{\partial v}\frac{\partial v}{\partial x} \quad \cdots (6)$$

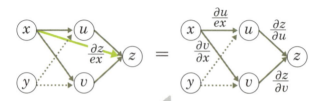

> 変数 z が u、v の関数で、u、v がそれぞれ x、y の関数なら、z を x で微分する際には、関与する変数すべてに寄り道しながら微分し掛け合わせ、最後に加え合わせる

以上のことは、3変数以上でも同様に成立します。

> 〔問〕e は x、y、z の関数として、次のように与えられています。
> $$e = u^2 + v^2 + w^2$$
> $$u = a_1 x + b_1 y + c_1 z,\ v = a_2 x + b_2 y + c_2 z,\ w = a_3 x + b_3 y + c_3 z$$
> (a_i、b_i、c_i ($i = 1, 2, 3$) は定数)
> このとき、$\dfrac{\partial e}{\partial x}$ を求めましょう。

(解) チェーンルールから、次の式が成立します。

$$\frac{\partial e}{\partial x} = \frac{\partial e}{\partial u}\frac{\partial u}{\partial x} + \frac{\partial e}{\partial v}\frac{\partial v}{\partial x} + \frac{\partial e}{\partial w}\frac{\partial w}{\partial x}$$

$$= 2u \cdot a_1 + 2v \cdot a_2 + 2w \cdot a_3$$
$$= 2a_1(a_1 x + b_1 y + c_1 z) + 2a_2(a_2 x + b_2 y + c_2 z) + 2a_3(a_3 x + b_3 y + c_3 z)$$

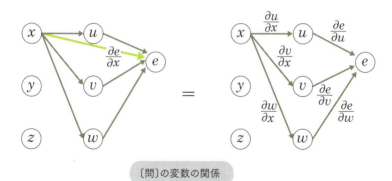

〔問〕の変数の関係

(解終)

付録 H. 多変数関数の近似公式と勾配

モデルの最適化の代表的な方法が**勾配降下法**です。この理解のために役立つのが「多変数関数の近似公式」です。

■ 1変数関数の近似公式

最初に1変数関数 $y = f(x)$ を考えてみましょう。

関数 $y = f(x)$ において、x を少しだけ変化させたとき、y がどれくら

い変化するかを調べます。導関数 $f'(x)$ の定義式を見てみましょう（付録Gの式（1））。

$$f'(x) = \lim_{\Delta x \to 0} \frac{f(x + \Delta x) - f(x)}{\Delta x} \quad （付録 E の式（1））$$

この定義式の中で Δx は「限りなく小さい値」です。しかし、関数が滑らかなら、それを「小さい値」と置き換えても、大きな差は生じません。

$$f'(x) \fallingdotseq \frac{f(x + \Delta x) - f(x)}{\Delta x}$$

これを変形すれば、次の1変数関数の近似公式が得られます。

$$f(x + \Delta x) \fallingdotseq f(x) + f'(x)\,\Delta x \quad （\Delta x は小さな数）\cdots（1）$$

〔問1〕$f(x) = e^x$ のとき、$x = 0$ の近くの近似式を求めましょう。

（解）指数関数の微分公式 $(e^x)' = e^x$ を(1)に適用して

$$e^{x + \Delta x} \fallingdotseq e^x + e^x \Delta x \quad （\Delta x は微小な数）$$

$x = 0$ とし、新たに Δx を x と置き換えると

$$e^x \fallingdotseq 1 + x \quad （x は微小な数）$$

（解終）

■ 2 変数関数の近似公式

1変数関数の近似式（1）を2変数関数に拡張してみましょう。x、y を少しだけ変化させたなら、滑らかな関数 $z = f(x, y)$ の値はどれくらい変化するでしょうか。その答えは式（1）から、次のように容易に想像されます。$\Delta x,\ \Delta y$ は小さな数として、次の式が成立するのです。

$$f(x + \Delta x, y + \Delta y) \fallingdotseq f(x, y) + \frac{\partial f(x, y)}{\partial x}\,\Delta x + \frac{\partial f(x, y)}{\partial y}\,\Delta y \cdots（2）$$

〔問2〕$z = e^{x+y}$ のとき、$x = y = 0$ の近くの近似式を求めましょう。

（解）指数関数の微分公式 $(e^x)' = e^x$ から、チェーンルールを応用して、

$$\frac{\partial z}{\partial x} = \frac{\partial z}{\partial y} = e^{x+y}$$

公式（2）に適用して、

$$e^{x+\Delta x+y+\Delta y} \fallingdotseq e^{x+y} + e^{x+y}\Delta x + e^{x+y}\Delta y \quad （\Delta x、\Delta y は微小な数）$$

$x = y = 0$ とし、新たに Δx を x、Δy を y と置き換えると、

$$e^{x+y} \fallingdotseq 1 + x + y \quad （x、y は微小な数） \hspace{2em} （解終）$$

■多変数関数の近似公式

さて、近似式（2）を簡潔に表現してみましょう。まず次の Δz を定義します。

$$\Delta z = f(x + \Delta x,\ y + \Delta y) - f(x,\ y)$$

x、y を順に Δx、Δy だけ変化させたときの関数 $z = f(x,\ y)$ の変化を表わします。すると、近似公式（2）は次のように簡潔に表現されます。

$$\Delta z \fallingdotseq \frac{\partial z}{\partial x}\Delta x + \frac{\partial z}{\partial y}\Delta y \cdots (3)$$

このように表現すると、近似公式（2）を拡張するのは簡単でしょう。たとえば、変数 z が n 変数 x_1、x_2、$\cdots$、x_n の関数 $z = f(x_1,\ x_2,\ \cdots,\ x_n)$ のとき、

$$\Delta z = f(x_1 + \Delta x_1,\ x_2 + \Delta x_2,\ \cdots,\ x_n + \Delta x_n) - f(x_1,\ x_2,\ \cdots,\ x_n)$$

を表わす近似公式は次のようになります。

$$\Delta z \fallingdotseq \frac{\partial z}{\partial x_1}\Delta x_1 + \frac{\partial z}{\partial x_2}\Delta x_2 + \cdots + \frac{\partial z}{\partial x_n}\Delta x_n \cdots (4)$$

7章 §1 の勾配降下法の解説で、この公式（3）、（4）を利用しています。

■多変数関数の近似公式とベクトル

次のベクトルを考えます。

$$\boldsymbol{p} = \left(\frac{\partial z}{\partial x_1}, \frac{\partial z}{\partial x_2}, \cdots, \frac{\partial z}{\partial x_n} \right)、\ \boldsymbol{q} = （\Delta x_1,\ \Delta x_2,\ \cdots,\ \Delta x_n） \cdots (5)$$

これらのベクトルを利用すると、近似式（4）は次のように表現できます。

$$\Delta z \fallingdotseq \boldsymbol{p} \cdot \boldsymbol{q}$$

ここで、右辺は2つのベクトル（5）の内積を表わしています。これが勾配降下法の出発点となる式です。7章§1で調べたように、ベクトルpを**勾配**といいます。

ちなみに、この勾配を表わすベクトルを次のようにも記述します（7章）。

$$p = \nabla f$$

記号∇は「ナブラ」と読みます。電磁気学など、応用数学の世界で広く用いられている記号です。

付録I. 畳み込みの数学的な意味

畳み込みニューラルネットワークの「畳み込み」の意味について調べてみましょう。

■入力の線形和と活性化関数の関係

5章では次のような表現を用いました。

「隠れ層のユニットの出力は、対象のブロックに含まれるフィルターのパターンの含有率と解釈できる」

「フィルターのパターンと合致したパターンを画像内に持っている手書き数字は『特徴マップ』に大きな値を書き出すことになる」

このような直感的な表現で問題になることはないのですが、あらためて数学的に調べることにします。考える対象は、具体的に5章§1で提示した〔課題II〕を利用します。

最初に、フィルターの働きを確認します（5章§3）。

隠れ層のユニットH_kが入力層のブロックijを入力とするとき、その「入力の線形和」s_{ij}^{Fk}、出力h_{ij}^{Fk}は次のように表わせる。

$$s_{ij}^{Fk} = w_{11}^{Fk} x_{ij} + w_{12}^{Fk} x_{ij+1} + w_{13}^{Fk} x_{ij+2} + \cdots + w_{44}^{Fk} x_{i+3j+3} - \theta^{Fk} \quad \cdots (1)$$

$$h_{ij}^{Fk} = \sigma(s_{ij}^{Fk}) \quad \cdots (2)$$

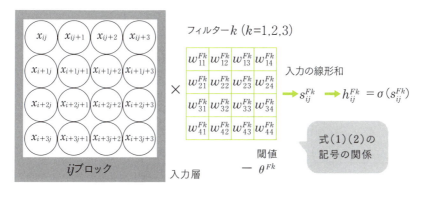

ここで、次の2つのベクトルを考えます。

$$\boldsymbol{w} = (w_{11}^{Fk},\ w_{12}^{Fk},\ w_{13}^{Fk},\ \cdots,\ w_{44}^{Fk}) \quad \cdots (3)$$

$$\boldsymbol{d} = (x_{ij},\ x_{ij+1},\ x_{ij+2},\ \cdots,\ x_{i+3j+3}) \quad \cdots (4)$$

ベクトル$\boldsymbol{w}$はフィルターkの成分(すなわち重み)から成り立つベクトルです。ベクトル$\boldsymbol{d}$は画像の中のブロックの画素値を成分にしています。

式(1)はこの2つのベクトル(3)、(4)から、次のように内積で表わせます。

$$s_{ij}^{Fk} = \boldsymbol{w} \cdot \boldsymbol{d} - \theta^{Fk} \quad \cdots (5)$$

さて、内積は向きが似ている場合に値が大きくなり、逆方向の場合は小さくなります。

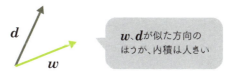

重みと閾値はニューロンの個性であり、定数です。そこで、フィルターkの成分から成り立つベクトル$\boldsymbol{w}$は定ベクトルです。

このことから、式(5)を見て、次のことがわかります。

「画像のブロックのベクトル$\boldsymbol{d}$が、重みのベクトル$\boldsymbol{w}$と似た方向のとき、式(5)(すなわち(1))の『入力の線形和』sは大きな値になる」

ところで、2つのベクトルの方向が似ているということは、その成分

のパターンが似ているということです。このことから、和（1）のs_{ij}^{Fk}は、画像のブロックとフィルターkのパターンとが、どれくらい似ているか（すなわち「類似性」）を示しているのです。

以上のように、画像において、内積（5）を利用して、パターンの類似性を調べることを「wによる**畳み込み**」と呼びます。

ところで、シグモイド関数は次の形をしています（3章§1）。

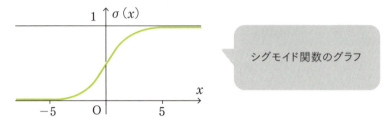

シグモイド関数のグラフ

これからわかるように、式（1）（すなわち（5））の値が大きければ大きい程、式（2）で算出されるシグモイド関数の値h_{ij}^{Fk}は大きくなります。そして、この値は0から1の値に変換されているのです。ということは、式（2）で求められる値は、画像のブロックとフィルターkとの「類似度」と解釈できるのです（先の表現では「類似性」としたものを、「類似度」に変更していることに留意してください）。

次図はこの関係のイメージを表わしています。

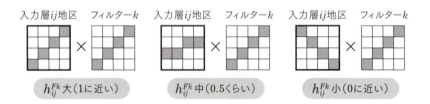

■まとめてみよう

以上から、式（1）、（2）で表わされる操作が何を意図しているのかがわかりました。「画像のブロックと、フィルターkのパターンとがどれくらい似ているか」の「類似度」を教えてくれるのです。これはまた、「画像のブロックの中に、フィルターkのパターンがどれくらい含まれ

ているか」の含有率を表わしているとも表現できます。

付録J. ユニットの誤差と勾配の関係

7章§2では、次の**ユニットの誤差**（errors）と呼ばれる変数 δ を導入しました。そして、次の関係を利用しました。

(注)関数や記号の意味については、本文(7章)を参照してください。

$$\delta_j^H = \frac{\partial e}{\partial s_j^H} \quad (j = 1,\ 2,\ 3) \cdots (1)$$

を用いると、

$$\frac{\partial e}{\partial w_{ji}^H} = \delta_j^H x_i 、\quad \frac{\partial e}{\partial \theta_j^H} = -\delta_j^H \quad (i = 1, 2, \cdots, 20, j = 1, 2, 3) \cdots (2)$$

ここでは、$i = 2$、$j = 1$ の場合を証明します。他も同様です。

偏微分のチェーンルール（付録G）から次の式が得られます。

$$\frac{\partial e}{\partial w_{12}^H} = \frac{\partial e}{\partial s_1^H} \frac{\partial s_1^H}{\partial w_{12}^H} \cdots (3)$$

式（1）、及び「入力の線形和」s_1^H の定義（7章§3式（3））から、

$$\frac{\partial e}{\partial s_1^H} = \delta_1^H = s_1^H = w_{11}^H x_1 + w_{12}^H x_2 + \cdots + w_{1\,20}^H x_{12} - \theta_1^H \cdots (4)$$

これらを、式（3）に代入して、$\dfrac{\partial e}{\partial w_{12}^H} = \delta_1^H x_2$

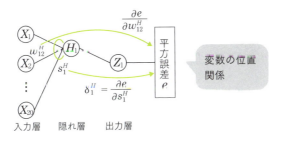

変数の位置関係

同様に、偏微分のチェーンルール（付録G）から次の式が得られます。

$$\frac{\partial e}{\partial \theta_1^H} = \frac{\partial e}{\partial s_1^H} \frac{\partial s_1^H}{\partial \theta_1^H}$$

式（1）、（4）から、

$$\frac{\partial e}{\partial \theta_1^H} = \delta_1^H(-1) = -\delta_1^H$$
（証明完）

以上で式（2）が示せました。さらに、次の関係を証明しましょう。

$$\delta_k^O = \frac{\partial e}{\partial s_k^O} \quad (k = 1, 2, 3, 4) \cdots (5)$$
を用いると、
$$\frac{\partial e}{\partial w_{kj}^O} = \delta_k^O h_j、\quad \frac{\partial e}{\partial \theta_k^O} = -\delta_k^O \quad (j = 1, 2, 3、k = 1, 2, 3, 4) \cdots (6)$$

ここで、$j=1$、$k=1$の場合に、式（6）の前半を証明しましょう。他も同様です。

偏微分のチェーンルール（付録G）から次の式が得られます。

$$\frac{\partial e}{\partial w_{11}^O} = \frac{\partial e}{\partial s_1^O} \frac{\partial s_1^O}{\partial w_{11}^O} \cdots (7)$$

ここで、δ_1^Oの定義式（5）、及びs_1^Oの定義（7章§2式（4））から、

$$\frac{\partial e}{\partial s_1^O} = \delta_1^O,\ s_1^O = w_{11}^O h_1 + w_{12}^O h_2 + w_{13}^O h_3 - \theta_1^O、\frac{\partial s_1^O}{\partial w_{11}^O} = h_1$$

これらを、式（7）に代入して、$\dfrac{\partial e}{\partial w_{11}^O} = \delta_1^O h_1$ （証明完）

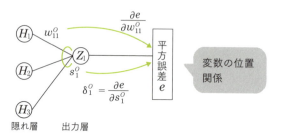

付録K. ユニットの誤差の層間の関係

7章§2では、次の**ユニットの誤差**（errors）と呼ばれる変数δを導入し、層の間の「逆」漸化式で値を求める方法を調べました。その**漸化式**は次の通りです。

（注）関数や記号の意味については、本文(7章)を参照してください。

$$\delta_j^H = \frac{\partial e}{\partial s_j^H} \ (j=1,\ 2,\ 3)、\ \delta_k^O \frac{\partial e}{\partial s_k^O} \quad (k=1,\ \cdots,\ 4) \cdots (1)$$

のとき、隠れ層の活性化関数を $h = a(s)$ とすると、

$$\delta_j^H = (\delta_1^O w_{1j}^O + \cdots + \delta_4^O w_{4j}^O) = a'(s_j^H) \quad (i=1,\ 2,\ 3) \cdots (2)$$

ここで、$j = 1$ の場合を証明しましょう。他も同様です。

偏微分のチェーンルール（付録G）から次の式が得られます。

$$\delta_1^H = \frac{\partial e}{\partial s_1^H} = \frac{\partial e}{\partial s_1^O}\frac{\partial s_1^O}{\partial h_1}\frac{\partial h_1}{\partial s_1^H} + \cdots + \frac{\partial e}{\partial s_4^O}\frac{\partial s_4^O}{\partial h_1}\frac{\partial h_1}{\partial s_1^H}$$

$$= \left(\frac{\partial e}{\partial s_1^O}\frac{\partial s_1^O}{\partial h_1} + \cdots + \frac{\partial e}{\partial s_4^O}\frac{\partial s_4^O}{\partial h_1}\right)\frac{\partial h_1}{\partial s_1^H} \cdots (3)$$

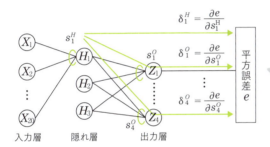

式(3)で関係する変数の位置付け。平方誤差 e には、$Z_1、\cdots、Z_4$ の4つのルートでたどり着く

ここで定義式（1）から、

$$\frac{\partial e}{\partial s_1^O} = \delta_1^O \ \cdots 、\ \frac{\partial e}{\partial s_4^O} = \delta_4^O \cdots (4)$$

また、$s_k^O\ (k=1、\cdots、4)$ と $h_j\ (j=1、2、3)$ は次の式の関係があります（7章§2式（4））。

$$\left.\begin{array}{l} s_1^O = w_{11}^O h_1 + w_{12}^O h_2 + w_{13}^O h_3 - \theta_1^O \\ \cdots \qquad \cdots \\ s_4^O = w_{41}^O h_1 + w_{42}^O h_2 + w_{43}^O h_3 - \theta_4^O \end{array}\right\} \cdots (5)$$

この式（5）から、

$$\frac{\partial s_1^O}{\partial h_1} = w_{11}^O、\cdots、\frac{\partial s_4^O}{\partial h_1} = w_{41}^O \ \cdots (6)$$

さらに、隠れ層の活性化関数が $a(s)$ なので、

$$\frac{\partial h_1}{\partial s_1^H} = a'(s_1^H) \quad \cdots (7)$$

式 (3) に式 (4)、(6)、(7) を代入して、

$$\delta_1^H = (\delta_1^O w_{11}^O + \cdots + \delta_4^O w_{41}^O)\, a'(s_1^H) \quad \cdots (8)$$

こうして目標の式 (2) で $j=1$ とした場合が得られました。

δ_2^H、δ_3^H も同様に求められます。これらの式をまとめたのが式 (2) です。

（証明完）

なお、本文でも示したように、式 (2) はネットワークの計算方向とは逆に、δ_1^O、…、δ_4^O から δ_1^H、δ_2^H、δ_3^H を求める形をしています。これが誤差逆伝播法の「逆伝播」の意味であることは、7章でも調べました。

索引

欧文

AI	10
AIスピーカー	30
BP法	232
CNN	68,69,140
DNN	63
GPU	15
ML	17
MNIST	142
One hotエンコーディング	197
Python	177,248
RNN	77,194,195
SUMXMY2	219
VBA	272
XAI	82

あ 行

閾値	46
インダストリー4.0	38
エキスパートシステム	13
重み	139
重み付きの和	96
音声合成	33
音声認識	31,33
音声認証	33

か 行

回帰型ニューラルネットワーク	195
回帰の重み	205
回帰分析	90
顔認証	27
過学習	186
学習	122
学習データ	22
学習率	228,230
確率的勾配降下法	231
隠れ層	56,107
画素	57
画像解析	26
画像処理装置	15
活性化関数	100

機械学習	17
キャットペーパー	11
強化学習	24
教師あり学習	23,67
教師なし学習	23
局所解問題	231
訓練データ	22,66,186
形式ニューロン	99
検証データ	186
合成関数	288
勾配	230,294
勾配降下法	224,229,291
声認証	33
誤差逆伝播法	124,232
コンテキストノード	81,197

さ 行

最適化	90,123
最大プーリング	160
シグモイド関数	84
シグモイドニューロン	103
時系列データ	77,194
指数関数	84
自動翻訳	33
従属変数	287
出力	42
出力層	56,107,162
状態層	197
人工知能	10
深層学習	11
推論	24
ステップサイズ	228,230
スマートスピーカー	30
正解	23
正解付きデータ	23
正解変数	169
正解ラベル	23,66
声紋認証	33
説明可能なAI	82
漸化式	298
線形性	287
全結合	76,139

た 行

第1次産業革命	38
第1次ブーム	12
第2次ブーム	13
第3次ブーム	13
第4次産業革命	38
畳み込み	71,294
畳み込み層	73,155
畳み込みニューラルネットワーク	68,69,138,140
多変数関数	92,287
単位ステップ関数	98
チェーンルール	237,289
強いAI	16
ディープニューラルネットワーク	63
ディープラーニング	11,13,63
デジタルデータ	21
テストデータ	186
伝達関数	100
導関数	286
特徴抽出	20,65,133,154
特徴パターン	133
特徴マップ	72,155
特徴量	59,133,154
独立変数	287

な 行

ニューラルネットワーク	14,55
入力	42
入力層	55,107
入力の線形和	101,103
ニューロン	43
ネイピア数	84
ノード	101

は 行

バイアス	105
パーセプトロン	101
発火	46
バックプロパゲーション法	232

は 行（続き）

ハミルトン演算子	240
パラメーター	86,115
ビッグデータ	34
微分する	286
フィルター	70,149
プーリング層	74,160
プーリングテーブル	74
プーリング法	161
ブロック	147
平方誤差	88,170
ベクトルの内積	254
偏微分	288

ま 行

メモリー	81
目的関数	90,121,171

や 行

ユニット	101
ユニットの誤差	237,298
予測材料	23,67
弱いAI	16

ら 行

ラベル付きデータ	23
リカレントニューラルネットワーク	77,81,194,195
ルートディレクトリ	250
ルールベース	12

著者紹介

涌井 貞美（わくい・さだみ）

1952年、東京生まれ。東京大学理学系研究科修士課程修了後、富士通、神奈川県立高等学校教員を経て、サイエンスライターとして独立。わかりやすく、ていねいな解説には定評がある。
著書に、『まずはこの一冊から 意味がわかる統計解析』（ベレ出版）、『図解・ベイズ統計「超」入門』（SBクリエイティブ）、『統計学の図鑑』『ディープラーニングがわかる数学入門』（技術評論社）などがある。

◉──カバーデザイン　　足立 友幸（パラスタイル）
◉──編集協力　　　　　畑中 隆（編集工房シラクサ）
◉──DTP・本文図版　　三枝 未央

高校数学でわかる ディープラーニングのしくみ

2019年 12月 25日	初版発行
2020年 1月 18日	第2刷発行

著者	涌井 貞美
発行者	内田 真介
発行・発売	ベレ出版
	〒162-0832　東京都新宿区岩戸町12 レベッカビル
	TEL.03-5225-4790 FAX.03-5225-4795
	ホームページ　http://www.beret.co.jp/
印刷	モリモト印刷 株式会社
製本	根本製本 株式会社

落丁本・乱丁本は小社編集部あてにお送りください。送料小社負担にてお取り替えします。
本書の無断複写は著作権法上での例外を除き禁じられています。購入者以外の第三者による本書のいかなる電子複製も一切認められておりません。

©Sadami.Wakui 2019. Printed in Japan

ISBN 978-4-86064-602-8 C3041　　　　　　　　　　編集担当　坂東一郎